咕咕啾！浙江鸟类笔记

■ 李奕瑶　王　帅　编著

浙江工商大学出版社
ZHEJIANG GONGSHANG UNIVERSITY PRESS
杭州

图书在版编目(CIP)数据

咕咕啾！浙江鸟类笔记 / 李奕瑶，王帅编著. — 杭州：浙江工商大学出版社，2020.1
ISBN 978-7-5178-3583-7

Ⅰ. ①咕… Ⅱ. ①李… ②王… Ⅲ. ①鸟类－介绍－浙江 Ⅳ. ① Q959.708

中国版本图书馆 CIP 数据核字 (2019) 第 250106 号

咕咕啾！浙江鸟类笔记
GUGUJIU! ZHEJIANG NIAOLEI BIJI
李奕瑶　王　帅　编著

策划编辑　徐　凌
责任编辑　唐　红　谭娟娟
封面设计　郑晓龙　张俊妙
绘　　图　元气元气　张小喵
责任印制　包建辉
出版发行　浙江工商大学出版社
（杭州市教工路 198 号　邮政编码 310012）
（E-mail：zjgsupress@163.com）
（网址：http://www.zjgsupress.com）
电话：0571-88904980，88831806（传真）
排　　版　杭州彩地电脑图文有限公司
印　　刷　杭州高腾印务有限公司
开　　本　880mm×1230mm　1/32
印　　张　8
字　　数　153 千
版 印 次　2020 年 1 月第 1 版　2020 年 1 月第 1 次印刷
书　　号　ISBN 978-7-5178-3583-7
定　　价　45.00 元

编委会名单

前　言 PREFACE

观鸟是一种健康的休闲方式，通过欣赏鸟的形态、行为和声音，我们可以暂时放下压力，忘却烦恼，产生一种“放飞自我，自由地飞翔”的愉悦感。观鸟也绝不仅是消遣娱乐，就算只是驻足观赏，作为自然活动的一种形式，也是美好的；更何况如果能够结合动物学、鸟类学的知识获得科学认知，结合环境保护倡导生态建设，无疑就是更具意义的行动了。这或许就是观鸟活动兴起并吸引越来越多的人参与的原因吧！

BBC自然类纪录片主持人大卫· 爱登堡曾说过：“我从来没有遇到过任何一个孩子，是对野生动物没有兴趣的。”与哺乳动物相比，鸟类更常见，在上学、放学的路上，也许一抬头就能看见一只飞鸟；偶尔把目光投向窗外，也许就能发现跳跃的麻雀；如果住址幽静或者靠近公园，也许每天都是在鸟鸣声中醒来……鸟类易见也更易于观察，多查些资料，多翻翻图鉴，很快也就辨认出了。因此，从鸟类知识入手来进行自然教育，无疑是最适合青少年的。那么，用什么样的形式是青少年喜闻乐见的

呢？参照美国著名天文学家卡尔· 萨根的说法，科普图书是最合适不过的形式了。

本书系杭州市科学技术协会2019年度科普项目之一，经过前期一系列调研、论证，我们最终以“浙江常见鸟类的知识普及与保护”为主题编写了《咕咕啾！浙江鸟类笔记》一书，旨在通过对鸟类世界的解读，帮助青少年领略大自然的奇妙，从而唤起他们保护鸟类、保护环境的意识。

在编写《咕咕啾！浙江鸟类笔记》的过程中，我们基于青少年的认知特点，采用了不同于常规鸟类图鉴式的写作风格，按照观察者的视角详细解读了浙江地区常见鸟类生动多彩的行为与习性，还介绍了它们的保护等级，一方面使大家能够真实地意识到我们身边有这么多可爱的朋友，另一方面也旨在引起大家对鸟类，尤其是对濒危鸟类的关爱与保护。

值得一提的是，书中特别用手绘图形式呈现了55种鸟类，从翱翔捕猎的鹰隼、优雅悠闲的水雉，到家喻户晓的森林医生啄木鸟，更有见于中小学语文课本里的翠鸟、鸬鹚、鹬等，图文并茂，增加了本书的可读性。需要特别说明的是，本书的编写得到了浙江大学学生绿之源协会观鸟护鸟部的大力支持，在此表示感谢；同时，本书除手绘图外引用的其他图片摘自网络（已注明出处），在此对原图片所有者一并表示感谢。

2019年9月

目　录 CONTENTS

第一章

霸道猛禽——遨游天际

第二章

湿地鸟类——依水而居

第二章 山林鸟类——林中住客

第四章 观鸟指南

第一章 霸道猛禽——遨游天际

空中的战斗机——凤头鹰

凤头鹰小档案

中文名称：凤头鹰
中文俗名：凤头苍鹰
学名：*Accipiter trivirgatus*
英文名称：Crested Goshawk
科学分类：鹰形目鹰科鹰属
分布范围：中国南部、不丹、尼泊尔、印度、孟加拉国、斯里兰卡、中南半岛和马来群岛各国
分布生境：栖息于丛林、平原或村庄附近
浙江观测点：全境可见
IUCN保护级别：低危（LC）

“走，校友林里来了一只凤头鹰！”初识凤头鹰是在校园里。一只凤头鹰稳稳地停在树枝上，休息了很长一段时间并不飞走。闻讯而去的我们远远地用望远镜观察凤头鹰的身姿，凤头鹰时而凝望我们，时而转过头去，昂首挺胸，睥睨天下，颇有王者之态。我们欣喜地大饱眼福，直到饭点才恋恋不舍地离开了。

凤头鹰的模样算是猛禽里比较容易识别的：顾名思义，凤头鹰的头顶有一撮毛向后翘起，这一撮毛被称为“冠羽”，颇像刚睡醒没来得及理好的乱糟糟的发型。纵观全身，凤头鹰的头和背部呈灰褐色，腹部棕白相间，最为显眼。凤头鹰刚出生时腹部整体都是白色的，幼年时胸部生出棕色的羽毛，和白色形成十分鲜明的对比；而随着凤头鹰日渐成熟，腹部棕色的羽毛越来越多，渐渐地和白色呈“分庭抗礼”之势，共同构成了斑驳的腹部。值得注意的是，凤头鹰胸腹之间的斑纹有一定的差别——胸部以棕色为主，其中穿插着几道白色的纵纹，而腹部则是棕色、白色的横纹彼此交错。我看到的那只凤头鹰似乎还没有完全长大，发冠尚不明显，腹部的棕色羽毛甚至彼此重叠形成爱心的形状，凶猛中透着一些呆萌，令我实在不愿意移开目光。

作为猛禽，凤头鹰可是有自己的独门绝技的。首先，鸟类特有的眼球结构使凤头鹰视野广阔而锐利，即使在高空翱翔时它也能清楚地发现地面上窸窸窣窣的小老鼠等，于是一跃而下，一顿美餐即在眼前。此外，尖锐的爪子和强有力的腿使得凤头鹰能轻松地撕裂猎物，锋利的喙也强有力地证明了凤头鹰是凶猛的肉食者。

凤头鹰

凤头鹰的分布范围并不狭窄，很多地方都能一窥它的身影，但是由于种群数量不大，而且它善于隐藏且机警，常躲在树叶丛中，所以凤头鹰和其他猛禽一样，依然是一种不太容易碰见的鸟类。由于人类活动范围的扩大和活动的频繁，猛禽的栖息地逐渐缩小、碎片化，目前所有猛禽都属于国家重点保护动物。

敬畏猛禽，保护猛禽，让所有的猛禽都能自由自在、不受干扰地盘旋在天空中，这应当成为所有人的共识。

树梢上的大眼睛
——斑头鸺鹠

斑头鸺鹠小档案

中文名称：斑头鸺鹠
中文俗名：横纹小鸺、猫王鸟、训狐、流离
学名：*Glaucidium cuculoides*
英文名称：Asian Barred Owlet
科学分类：鸮形目鸱鸮科鸺鹠属
分布范围：在中国大陆广泛分布于甘肃南部、陕西、河南、安徽、四川、贵州、云南、西藏、广西、广东、海南等地。中国香港原有分布，目前可能已经地区性灭绝。在中国以外分布于巴基斯坦、印度、尼泊尔、锡金、不丹、孟加拉国、缅甸、泰国、老挝、越南、马来西亚等
分布生境：栖息于从平原、低山丘陵到海拔2000米左右的中山地带的阔叶林、混交林、次生林和林缘灌丛，以及村寨和农田附近的疏林和树上
浙江观测点：全境可见
IUCN保护级别：低危（LC）

去观鸟的时候，有时候你能看见在茂密的树叶掩蔽下，树梢上站立着的一个神秘身影。它体形不大，但你如果仔细观察，就能看见它布满浅色横纹的脑袋上，镶嵌着两只硕大的眼睛。这就是我们今天要介绍的主角——斑头鸺（xiū）鹠（liú）。

斑头鸺鹠是我国南方较为常见的一种小型猫头鹰，栖息于平原山地的森林之中，偶尔也会出现在城市植被茂密之处，比如城市中的植物园。我第一次见到斑头鸺鹠是在广州市的华南植物园。当时我在用望远镜寻找正在杉树之间跃动的山雀，忽然在树干的粗枝上发现一个棕褐色的物体。我赶紧拍下照片，放大细细看，原来是一只斑头鸺鹠啊。这是我第一次在野外看见斑头鸺鹠，激动得无以言表。

斑头鸺鹠作为一种小型猫头鹰，具有猫头鹰的典型特征：圆滚滚的头，一双炯炯有神的大眼睛。斑头鸺鹠的头、颈和整个上体包括两翅的表面呈暗褐色，密密地覆盖着细狭的棕白色横斑，尤其是头顶的横斑特别细小而密致。这也正是它被称为斑头鸺鹠的原因。斑头鸺鹠的叫声十分独特，它的鸣叫声嘹亮，不同于其他鸮类，常在晨昏时发出快速的颤音，调降而音量增。有时也发出一种似犬叫的双哨音，音量增高且速度加快。在宁静的夜晚，可传到数里外。和大部分猫头鹰昼伏夜出的生活习性不同，虽然斑头鸺鹠有时也在夜间活动，但大多数时候在白天活动。夜幕降临后，斑头鸺鹠便躲藏在树枝间休息，如果不鸣叫，在夜间很难被天敌或人类发现。太阳初升，当朝霞逐渐铺满远方的天空时，

斑头鸺鹠

斑头鸺鹠才慢慢登上自己的舞台。它硕大的双眼能捕捉到树叶间的细微抖动，发达的听觉神经帮它接收细微的响动。当猎物从地上跑过或在树枝间跳跃时，它便迅速扇动翅膀，俯冲而下。为了减弱它扇动翅膀的声音，它的羽毛经过长期进化变得稠密而松软，与空气的摩擦力很小，飞羽边缘长有锯齿状的小凸起，是良好的消音器。

斑头鸺鹠主要以蝗虫、甲虫、螳螂、蝉、蟋蟀、蜻蜓、毛虫等各种昆虫及其幼虫为食，也吃鼠类、小鸟、蚯蚓、蛙和蜥蜴等动物。它的食性广且从不挑食，这也许是它在我国分布广泛的原因之一吧。

如果有一天你发现树梢上有一双大眼睛在注视着你，说不定那就是一只斑头鸺鹠呢。

逆风中翱翔
——红隼

红隼小档案

中文名称：红隼
中文俗名：茶隼、红鹰、黄鹰、红鹞子
学名：*Falco tinnunculus*
英文名称：Common Kestrel
科学分类：隼形目隼科隼属
分布范围：广泛分布于欧亚大陆，非洲及北美。在中国，东北地区，华南地区，西北地区，西南地区及江浙、上海、安徽、山东、湖南、湖北、江西、河南等地均有分布
分布生境：栖息于山地森林、森林苔原、低山丘陵、草原、旷野、森林平原、山区植物稀疏的混合林、开垦耕地、旷野灌丛草地、林缘、林间空地、疏林和有稀疏树木生长的旷野、河谷和农田地区
浙江观测点：全境分布
IUCN保护级别：低危（LC）

蔚蓝的天空，如同一块刚刚洗过的幕布一般高高挂在头顶，上面点缀着几朵絮状的云。抬起头，或许你会惊讶地发现一只红隼正逆风飞行，忽而又快速地振动翅膀，静静地悬停于半空中……

雄性红隼的头部羽毛是灰色的，前额和眼睛的下方呈现淡淡的棕白色。如果看得仔细的话，你就会发现红隼的喙呈蓝灰色，基部蜡膜为黄色，前端呈黑色，趾黄爪黑。站立时，背部、肩部及翅膀上的羽毛清晰可见，均为砖红色，上面星星点点地缀着好似三角形的黑色斑点；腰和尾巴上的羽毛为蓝灰色，向后延伸有着暗灰褐色的纤细羽干纹。它的尾巴上有着较为明显的宽阔黑色端斑和窄窄的白色端斑。胸部、腹部和两肋为淡黄色，都有黑褐色的斑块，其中胸和上腹的为细纵纹，下腹和两肋的呈箭矢状或水滴状。飞翔时，可见其翅膀下的羽毛呈浅浅的黄褐色，密布褐色的点状横斑。雌鸟的上体及尾巴为棕褐色。在空中展翅时，翅下显淡棕黄色，飞羽和尾羽呈灰白色，有着密密的黑褐色斑点。

红隼体形虽然小，但是它性格坚韧，个性凶猛。平日里，红隼喜爱独来独往，在傍晚时分，更为活跃。红隼善飞行，尤其是它那令人惊艳的逆风翱翔的本领。有时它会加快拍打翅膀的频率，停在半空中。风越大，越是能感受它的毅力，它的韧性，它的勇猛。

大多数情况下，红隼栖于较为空旷地区的电线杆上或者孤立的树梢上。栖息时的红隼，可不仅仅是休息这么简单，说不定下

红隼

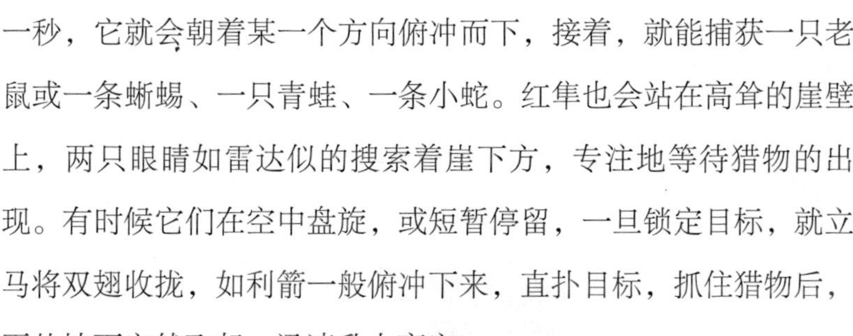

一秒，它就会朝着某一个方向俯冲而下，接着，就能捕获一只老鼠或一条蜥蜴、一只青蛙、一条小蛇。红隼也会站在高耸的崖壁上，两只眼睛如雷达似的搜索着崖下方，专注地等待猎物的出现。有时候它们在空中盘旋，或短暂停留，一旦锁定目标，就立马将双翅收拢，如利箭一般俯冲下来，直扑目标，抓住猎物后，再从地面突然飞起，迅速升上高空。

别看红隼在捕猎、飞翔方面是一把好手，可说到筑巢，它们就十分敷衍了。它们一般将巢安置在悬崖上，山坡岩石的缝隙里，土洞、树洞或者乌鸦和喜鹊的旧巢中，巢内只垫草茎、落叶和一些羽毛。红隼的繁殖期在每年的五至七月，一般每窝产卵四至五枚，鸟卵呈白色或赭色，密密地布有红褐色斑块。如果红隼的巢卵遭到破坏，通常它们会补偿性地再产一窝，但是卵的数量明显减少。

红隼多栖息于山地森林、苔原、低山丘陵、草原、旷野，尤其在林间空地，有稀疏树木生长的旷野、河谷和农田地区，红隼较为常见。在自然条件下，它们可以在树木、电线杆、建筑物、岩壁等处栖息，但如今，它们也很好地适应了城市生活。因此，如果你在某个建筑物上发现了它们的巢，不必惊讶，更不要打扰，不要看到红隼的巢，就好奇地去一探究竟。因为幼年红隼很可能会受惊跌落，且很难人工饲养，晴空中可能会少了许多逆风的翅膀！红隼是国家Ⅱ级保护动物，伤害和饲养都是违法的！而且，对于久居城市的我们来说，终于有大自然的小精灵来访，这也是不可多得的放飞心灵的机会——安静地观察，默默地守候便胜过千言万语。

每一只红隼都希望搏击长空，振翅蓝天，看着它们逆风中翱翔的身姿，你是否也充满了搏击长空的力量呢？

鱼类收割机
——鹗

鹗小档案

中文名称：鹗

中文俗名：鱼鹰、鱼雕、鱼鸿、鱼江鸟

学名：*Pandion haliaetus*

英文名称：Western Osprey

科学分类：鹰形目鹗科鹗属

分布范围：除南极、北极，各地均有分布

分布生境：栖息于湖泊、河流、海岸等地，尤其喜欢栖息于森林中的河谷或有树木的水域地带

浙江观测点：全境可见

IUCN保护级别：低危（LC）

鹗

第一次见到鹗（è）这种猛禽，是在2018年“十一”假期时东海边的条子泥，当时那只鹗站在海边的木桩上。我看到它收拢翅膀停留了一会，然后振翅飞走了，在空中留下了一个滑翔的影子。那时我一直在脑海中想象它捕鱼时的英姿——俯冲、伸爪、擒鱼。之前我对鹗的了解多来自摄影作品，照片中的鹗眼神坚定，在扇动着大而有力的翅膀，翼指长，粗壮有力的双腿前后伸展，爪上紧紧地抓着一条大鱼，鱼多是头在前尾在后。

鹗是鹰形目鹗科鹗属仅有的一种鸟类，属于体形较大的猛禽。成鸟体长65厘米左右，翼展可达1.8米，体重1—2千克。鹗的喙是黑色的，头是白色的，脸颊上有一条宽阔的贯眼纹；后脑勺的羽毛稍微有些长，看上去是一个短的羽冠；后背呈黑褐色，肚子为白色；飞行时双翼弯曲，呈M形，翅膀下的羽毛为白色。

鹗身手矫捷，捕鱼成功率可达七成，是“捕鱼行家”，因此也被称为“鱼鹰”。鹗很喜欢吃鱼，加上种群分布广泛，因此有鱼出现的地方，如海边、水库、鱼塘等水域，几乎都有可能看到鹗的身影。它们捕鱼的方式多样，不仅可以俯冲掠过水面抓鱼，还可以潜水捕食。它们的羽毛具有防水功能，尾巴附近的尾脂腺会分泌油脂，它们只需用嘴将油脂涂在羽毛上就可以防水了；在捕鱼完成后，它们也会抖动翅膀来抖落羽毛上的水珠。

鹗常常在天气晴朗的日子盘旋在水面上空，确定目标后俯冲下来，伸出大爪，抓住鱼之后则将其带至岩石、树上等地方享用。然而鱼身上黏糊糊的，鹗是怎么样抓牢它并且带走的呢？原来鹗的脚趾有许多硬质突起，仿佛一副橡胶手套，可以有效防滑；靠外的脚趾在抓鱼时会外翻，变成前后各两只；另外，趾尖如刺一般扎入猎物，配合粗壮有力的双脚，使得它们可以牢牢地抓住猎物。鹗的双翅大而有力，在带鱼飞行时，鱼头通常在前，鱼尾在后，这样可以减少空气阻力，顺利将鱼儿带走。

随着人类活动的扩张，鹗这个捕鱼能手逐渐与人类产生了交集。《诗经·关雎》中人人皆知的“关关雎鸠，在河之洲。窈窕淑女，君子好逑”，有人考证说“雎鸠”就是指鹗，古人用鹗繁殖期发出的响亮哀怨的声音“关关”来暗喻男女爱情；另外，古人对于神态威猛、目光锐利的鹗极为推崇，将瞋目四顾形容为“鹗视”或者“鹗顾”，把推荐贤人称为“鹗荐”。到了现代，鹗很喜欢在人类的建筑结构上搭窝，如电线杆、输电铁塔。

鹗也因为捕鱼时的英姿成为鸟类摄影爱好者的拍摄对象。鹗以自然的力量给人类以震撼，也希望人类能够爱惜这些凶猛禽类，爱护自然，与自然中的生命和谐相处。

百变猛禽
——凤头蜂鹰

凤头蜂鹰小档案

中文名称：凤头蜂鹰

中文俗名：八角鹰、雕头鹰、蜜鹰

学名：*Pernis ptilorhynchus*

英文名称：Crested Honey Buzzard， Oriental Honey-buzzard

科学分类：鹰形目鹰科蜂鹰属

分布范围：古北界（全球生物地理区一级区划六大界之一。由撒哈拉沙漠以北的非洲、欧洲大陆、中亚及包括西伯利亚在内的亚洲大陆北部地区组成。大部分为大陆景观、荒漠、高原、冻原等地区）东部、印度及东南亚

分布生境：森林地带（尤以疏林和林缘地带较为常见，有时也到林外村庄、果园等活动）

浙江观测点：主要为过境鸟，秋季迁徙期间全境可见

IUCN保护级别：低危（LC）

凤头蜂鹰

凤头蜂鹰，顾名思义是一种头上有羽冠、喜欢吃蜂的鹰科猛禽，但是并不是所有的凤头蜂鹰都有凤头，南方亚种的凤头蜂鹰冠羽明显，东方亚种的凤头蜂鹰则几乎看不出有凤头。凤头蜂鹰主要分布在中国、日本、印度、孟加拉国等东方国家。

凤头蜂鹰是鹰科中体形较大的猛禽，体长60厘米左右，翼展为1.2—1.4米。凤头蜂鹰的虹膜为橘黄色或橙红色，嘴为黑色，蜡膜为黄色，身体颜色极易变化，常常拟态成其他猛禽，因而有时容易被人们认错，堪称“百变猛禽”。但是飞行时它和相似体型的鸟相比显得头小而颈部较长，翅膀和尾巴又宽又长，看起来少了一些凶猛，多了一丝温和。

作为蜂鹰属的一员，凤头蜂鹰尤喜食蜂类，包括蜂类成虫、幼虫、蜂蛹、蜂蜜，甚至连蜂蜡也不放过；它也吃其他昆虫、昆虫的幼虫和小型爬行动物等。吃昆虫时，它们还有一个绝招，就是可以像鸡一样用爪子在地面刨掘，翻出土里的东西来吃，这是其他鹰类猛禽不具备的。它们通常栖息于密林、旷野、村落、城镇等各种生境，一般在枝繁叶茂的树上筑巢，通常在四至六月繁殖。在喂养宝宝时，蜂巢是它们绝佳的食物来源——蜂蛹能够带来丰富的蛋白质，而蜂蜜可以提供高热量，在如此丰富的营养供给下，鸟宝宝得以迅速成长。

虽然蜂类昆虫都长有蜇人的毒刺，但既然能够捕食凶猛的蜜蜂，凤头蜂鹰自然有自己的“装备”，它们的头侧有又短又硬的鳞片状羽毛，而且较为厚密，如同“铠甲”，这些坚硬的羽毛可以避免它们在挖蜂巢的时候被蜂蛰。另外，凤头蜂鹰学名中种加词*ptilorhynchus*实际上就是“嘴基被羽”的意思，鸟类的嘴基部大多柔软，这意味着凤头蜂鹰的嘴基有了“保护伞”。

随着季节变化，栖息地能提供的食物不再充足，凤头蜂鹰不得不选择迁徙。据研究，它们通常在九月从日本、中国东北、俄罗斯等地出发，飞过中国东部沿海，穿过马来半岛来到印度尼西亚，最后到达越冬地——婆罗洲、菲律宾和马来群岛的大部分地区。迁徙旅程长达两个月，在越冬地待三个月后，在来年春季返程。和秋季迁徙情况略有不同，春季迁徙期间凤头蜂鹰更多通过重庆—河南—北京这一内陆迁徙通道，沿海地区难以见到他们的身姿。三月份时，它们会停留在泰国，因为那时蜜蜂活动活跃，食物充足。但是，返程的路途更加艰辛，因为越冬时它们可以借助气流一次飞越海洋，但是回来时由于风向不一致，所以必须经过朝鲜半岛才能飞到日本，路途又加长了许多。

凤头蜂鹰是一种懂得团队协作和分享的猛禽。在攻占蜂巢前它们会多次观察，勘测蜂巢情况，因为蜂在护巢时十分凶猛，即便有铠甲一般的羽毛帮助凤头蜂鹰防御猎物的蛰刺，它们也不得不提防全力进攻的蜜蜂。凤头蜂鹰会等待时机成熟才发动进攻，有时准备时长可达一个月，而且它们会团队出击。在成功完成捕食后，它们会和睦地分享食物，不争不抢，甚至一些衰老、受伤的个体也可以在分享中存活下来。凤头蜂鹰善于观察，适应能力强，在中国台湾有些地方，养蜂人废弃的蜂巢给凤头蜂鹰提供了

新的食物来源，这也使得一些凤头蜂鹰不再迁徙而选择定居，成为当地的留鸟。

面对强大的猎物，凤头蜂鹰排除万难，利用智慧、耐心、团结获取成功，同时它们也在不断探索身边的环境，寻找新的生存契机，这是它们不断繁衍进化的动力。但是，森林的大面积砍伐使凤头蜂鹰的巢受到一定程度的破坏，加上在迁徙途中被乱捕滥猎，都在一定程度上影响了凤头蜂鹰的数量，因此它已被列为国家Ⅱ级重点保护野生动物。保护它们就是保护我们人类自己。

猛禽中的呆萌王——黑冠鹃隼

黑冠鹃隼小档案

中文名称：黑冠鹃隼
中文俗名：暂缺
学名：*Aviceda leuphotes*
英文名称：Black Baza
科学分类：鹰形目鹰科鹃隼属
分布范围：分布于印度、中国南部和东南亚。在中国有三个亚种：四川的*wolfei*，华东及华南的*syama*和海南岛的指名亚种
分布生境：栖息在开阔有林的低地
浙江观测点：全境可见
IUCN保护级别：低危（LC）

在你的印象中，猛禽是不是都有魁梧健壮的身躯与粗犷剽悍的外貌呢？

实则不然，猛禽大家庭里中小体形、眉清目秀的鸟也比比皆是。本篇的主角——黑冠鹃隼便是其中之一。虽然名字里又带“鹃”又带“隼”的，但它本质上还是正统的鹰科成员，捕猎、飞行样样拿手。

第一眼见到黑冠鹃隼是在去西溪做“鸟调”前，当时我在网上偶然搜索到一篇报道《黑冠鹃隼来到西溪湿地孵化 八位观鸟者立约暂时保密》[①]，文中说到2005年西溪湿地开园时记录到的鸟类为79种，而2018年黑冠鹃隼的出现将这一数字刷新为179种，因此这对尊贵的夫妇也被称为“第100户新房客”。在报道的照片中，黑冠鹃隼俊秀的外表给我留下了极深的印象。最突出的便是那撮与众不同的“呆毛”——黑色羽冠高傲地耸立在头顶，令我不由得想起印第安人的羽毛头饰。全黑的脑袋下却有一块新月形的白斑，好似黑色的脖子上系了条白丝巾。再往下则是白色与栗色的横斑交错着排列在下胸与腹侧，乍一看还真和杜鹃的肚子有些神似，只不过黑冠鹃隼的正面看上去毛茸茸的，可爱程度更胜一筹。对鹰科鸟类来说，最显其风采的莫过于鹰嘴与鹰爪了。黑冠鹃隼也是如此，在它炯炯有神的大眼睛下，铅黑色的嘴锐如铁钩，便于捕猎、撕碎食物；灰色的双爪遒劲有力，令人

---

① http://k.sina.com.cn/article_1644358851_m6202ecc303300a5i8.html

黑冠鹃隼

望而生畏。正是在这套“先进装备”的辅助下，以昆虫、青蛙等小动物为食的黑冠鹃隼指哪打哪，几乎每战告捷。

贵为国家Ⅱ级保护动物，又处于食物链顶端的黑冠鹃隼却生性警觉而胆小，它对生态环境也很挑剔，喜欢在人烟稀少的山林里“安营扎寨”。能在位于城市腹地的杭州西溪湿地观测到它们筑巢繁殖，在浙江境内尚属首次，这也从侧面反映出西溪湿地环境建设卓有成效。更有趣的是，相关资料描述：“黑冠鹃隼有时也显得迟钝而懒散，头上的羽冠经常忽而高高耸立，忽而又低低落下，好像对周围所发生的事情都非常敏感。”这个可爱的样子，光是想象一下就忍俊不禁了。

黑冠鹃隼常常单独活动，不过有时候也会三五成群地觅食。它们主要以蝗虫、蚱蜢、蝉、蚂蚁等昆虫为食，也喜欢吃蝙蝠、鼠类、蜥蜴等小型脊椎动物。

虽然报道中的那对黑冠鹃隼夫妇早已鸟去巢空，带着三个孩子去闯荡江湖了，但我仍满怀希望，期望再访西溪时，能遇见这神秘的来客。

湿地杀手
——白腹鹞

白腹鹞小档案

中文名称：白腹鹞
中文俗名：泽鹞、白尾巴根子
学名：*Circus spilonotus*
英文名称：Eastern Marsh Harrier
科学分类：鹰形目鹰科鹞属
分布范围：分布于亚洲东部，从西伯利亚贝加尔湖地区往东到俄罗斯远东太平洋沿岸，向南经蒙古、中国、印度、东南亚到大洋洲。在中国主要繁殖于内蒙古东北部的呼伦贝尔、黑龙江和吉林省；越冬于长江中下游地区及云南、广东、海南、福建、香港、台湾等省区
分布生境：栖息和活动在沼泽、芦苇塘、江河与湖泊沿岸等较潮湿开阔的地方
浙江观测点：全境可见
IUCN保护级别：低危（LC）

第一次见到白腹鹞（yào），是在寒风凛冽的鄱阳湖上空。那时的鄱阳湖正处于低水位时期，曾经的湖底上长出了茂密的芦苇。寒冬已至，芦苇被风刮得枯黄，沙沙作响。白腹鹞就在这苇荡上空低低地盘旋着，时不时惊起苇荡中的雁鸭。

白腹鹞又被称作泽鹞、东方沼泽鹞、白尾巴根子。它是这片湿地中的杀手，总是低低地贴着植被在空中徘徊，寻找着自己的猎物。一旦发现猎物，它们便突然俯冲将其抓获，祭奠自己的“五脏庙”。白腹鹞主要以小型鸟类、啮齿类动物、蛙、蜥蜴、小型蛇类和体形较大的昆虫为食，有时也在水面捕食各种中小型水鸟，如野鸭、幼鸭和地上的雉类、鹑类动物，有报告称白腹鹞也吃死尸和腐肉。它们食谱很广，不挑食，这让它们在湿地中生活得相当滋润。

我见到的是一只雌性的白腹鹞。白腹鹞雌雄差别较大，雌性的白腹鹞颜色较为灰暗，总体是红棕色的，不像黑白配色的雄性白腹鹞在芦苇荡中那么显眼，更加能融入这片黄褐色的芦苇荡中。同时，雌性白腹鹞的体长55—59厘米，比雄性白腹鹞的体形要大些。一般认为，一些猛禽中的雄性体形较小是灵活飞翔捕猎的需求，而雌性体形较大则是为了满足繁殖期保护幼崽的需求。在纪录片《鸟类秘闻》中，观察者们记录了鹞们的独特行为。雄性鹞会将猎物在空中传递给雌性，雌性再将猎物带回巢穴。雌雄分工的现象在鸟类中比较常见，大概鸟儿们也懂得“男女搭配，干活不累”的道理吧。不过未到繁殖季节，眼前这只雌

白腹鹞

性白腹鹞可是形单影只的。

白腹鹞喜欢在沼泽地、芦苇塘、江河和湖泊沿岸附近活动。人们经常可以看见白腹鹞在湿地的芦苇上空低低地滑翔，偶尔扇动几下翅膀，缓慢地掠过一个个河湾。栖息时，白腹鹞喜欢停留在地上或低低的土堆上，不喜欢像其他猛禽那样栖在高处。鹞属鸟类经常在低空飞行，这在喜欢翱翔于蓝天的鹰形目猛禽中，算得上是一个异类。

白腹鹞在我国分布很广泛，它们在中国东北繁殖，越冬时南迁至东南亚及菲律宾地区。近年来，白腹鹞种群有向西扩张的趋势， 2015年，新疆的观鸟爱好者第一次在新疆观察到白腹鹞的繁殖情形。

白腹鹞仍在我面前低低地飞着，这是一片属于它的沼泽。在这里，它将迎来自己的生、老、病、死，也将以自己的杀手身份，平衡这湿地中的生态系统。它越飞越远，变成了芦苇荡里的一个小黑点，最后消失不见。

蛇类天敌
—— 蛇雕

蛇雕小档案

中文名称：蛇雕
中文俗名：大冠鹫、蛇鹰、蛇鵰、白腹蛇雕、冠蛇雕、凤头捕蛇雕
学名：*Spilornis cheela*
英文名称：Crested Serpent Eagle
科学分类：鹰形目鹰科蛇雕属
分布范围：分布于阿富汗、孟加拉国、不丹、柬埔寨、中国、印度、印度尼西亚、哈萨克斯坦、吉尔吉斯坦、老挝、马来西亚、缅甸、尼泊尔、巴基斯坦、塔吉克斯坦、泰国、土库曼斯坦、乌兹别克斯坦、越南。在中国主要分布于浙江、江西、湖南、贵州、四川等
分布生境：活动于山地森林及林缘开阔地带，停飞时多栖息于较开阔地区的枯树上部枝杈上
浙江观测点：全境可见
IUCN保护级别：低危（LC）

第一次见到蛇雕，是在湖南壶瓶山上，我们一行人在山路上走着，寻找着林间跃动的精灵。突然，领队看见了对面两座山之间翱翔的两个小黑点，惊呼道："猛禽！"我们纷纷举起望远镜，模糊地看见黑色的大翅膀下标志性的白色条带。

嗬，原来是蛇雕！

我曾经十分羡慕像雕类的猛禽，翅膀一张，借着气流便可升上百米高空，高高在上，傲视下方。可是现在艳阳高照，我不但不羡慕它，还有些同情它，身披黑羽在阳光暴晒之下，一定很热吧，说不定还要遭受风吹雨打。看来拥有自由，也需要付出一定的代价呢。

古人称蛇雕为"鸩"，可见我国在古代就已经关注这种大型猛禽了。大家可能都听说过"饮鸩止渴"这个成语，意思是喝毒酒解渴，比喻用错误的办法来解决眼前的困难而不顾严重后果，"鸩"就是指用"鸩"的羽毛泡的毒酒。因为古人认为，蛇雕所吃的蛇中有许多毒蛇，所以蛇雕也是一种带有剧毒的鸟。这是一种错误的看法，事实上，蛇雕是没有毒的，它的羽毛也不能泡成毒酒。那为什么蛇雕能捕食剧毒的蛇呢？原来蛇雕的脚上覆盖着坚硬的鳞片，当它粗壮的脚趾紧紧捉住蛇时，这些鳞片可以保护蛇雕不被毒蛇咬伤，而且蛇雕有着丰厚的羽毛，毒蛇也很难透过羽毛咬伤蛇雕。

蛇雕是一种常见的大型猛禽，栖息和活动于山地森林及林缘开阔地带，通常单独或成对活动。它们常在高空翱翔盘旋，停飞

蛇雕

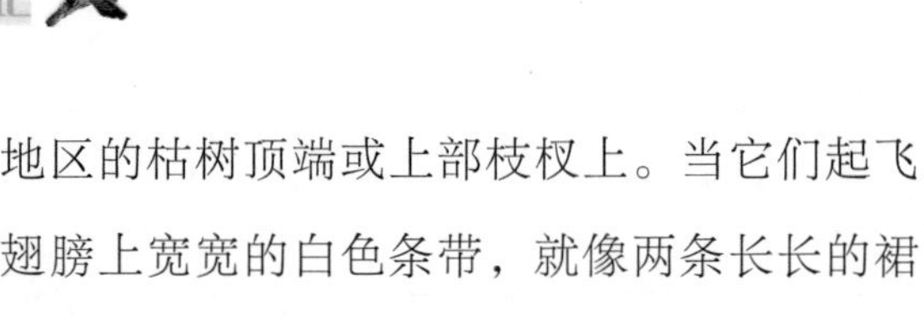

时多栖息于较开阔地区的枯树顶端或上部枝杈上。当它们起飞时，可以看到蛇雕翅膀上宽宽的白色条带，就像两条长长的裙带。它们站立在树梢上时，如果你仔细观察，就可以看到蛇雕后脑勺上有一个黑色夹杂白色斑点的冠子，上面还有白色的横带呢。

蛇雕是蛇类的天敌。它们捕蛇的方式也十分有趣。它会站在高处或者盘旋于空中观察地面，一旦发现蛇类，便从高处迅即落下，用双爪抓住蛇体，利嘴钳住蛇头，翅膀张开，支撑于地面，以保持平稳。很多体形较大的蛇并不会束手就擒，常常疯狂地翻滚着，扭动着，企图用还能活动的身体缠绕蛇雕的身体或翅膀。蛇雕则不慌不忙，一边继续抓住蛇的头部和身体不放，一边甩动着翅膀摆脱蛇的反扑。等蛇体力渐渐不支，失去激烈反抗的能力后，蛇雕才开始吞食。

蛇雕会将蛇囫囵吞下，这令人非常好奇，这样能尝到味道吗？不过，它在哺育幼鸟时，会用双脚固定蛇身，再用锋利的喙将蛇拉扯撕裂成小块。可见，在照顾幼鸟时，蛇雕父母也是很细心的呢。

黑鹰大侠
——林雕

林雕小档案

中文名称：林雕
中文俗名：树雕
学名：*Ictinaetus malaiensis*
英文名称：Black Eagle
科学分类：鹰形目鹰科林雕属
分布范围：孟加拉国、不丹、文莱、柬埔寨、中国、印度、印度尼西亚、日本、老挝、马来西亚、缅甸、尼泊尔、巴基斯坦、菲律宾、斯里兰卡、泰国、越南。在中国分布于山东、湖北、四川、江苏、浙江、安徽、福建、江西、广东、广西、贵州、云南、西藏、台湾、香港、海南等地
分布生境：常栖息于山地森林中，特别是中低山地区的阔叶林和混交林地区，有时也沿着林缘地带飞翔巡猎，但从不远离森林
浙江观测点：浙江全境可见。在丽水市松阳县箬寮，温州市苍南县莒溪镇，杭州市临安区天目山，衢州市开化县古田山国家级自然保护区等地方遇见率较高
IUCN保护级别：低危（LC）

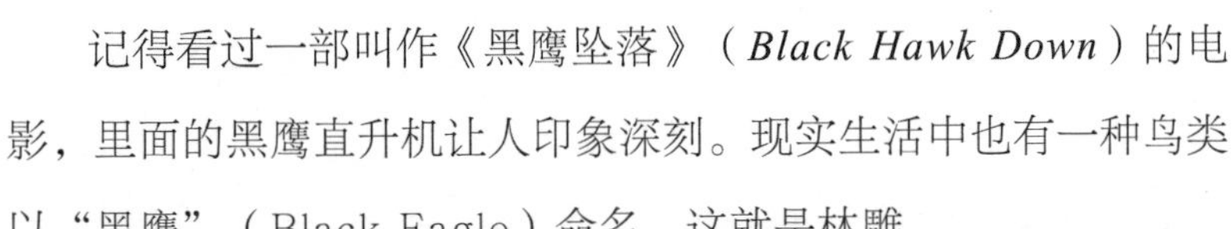

记得看过一部叫作《黑鹰坠落》（*Black Hawk Down*）的电影，里面的黑鹰直升机让人印象深刻。现实生活中也有一种鸟类以“黑鹰”（Black Eagle）命名，这就是林雕。

如果你在天空中发现了一只正在展翅高飞的林雕，你就会意识到它的英文名是多么形象。林雕通体黑褐色，如果我们从地面向上望去，只能看见一只黑色的大鸟；如果看得更仔细一些，还能看到它的脚爪是黄色的。其实林雕的幼鸟并不全是黑褐色的，胸腹部附着黑色的纵纹。直至长成成鸟，林雕才完全变为黑褐色。

作为一种大型猛禽，林雕翅膀张开时长可达1.75米。凭借这对长而宽大的翅膀，林雕自由自在地在高空中翱翔。有人说它巨大的翅膀像划船时所用的桨，我认为这是十分贴切的，只不过这翅膀划动的不是水，而是高空中稀薄的空气。从翅膀末端伸出的羽毛如同手指一样，我们一般称之为翼指，林雕的翼指有七根。

林雕的中文名称显示了它经常出现的地点。林雕喜爱山地森林，特别是不太高的山地森林。但它们太依赖山林，以至于从不远离森林生活，是一种完全以森林为栖息地的鸟类。

作为一种猛禽，林雕以肉类为食。它的食谱中有鼠类、蛇类、蛙、蜥蜴、中小型鸟类和鸟卵。它们捕食猎物的方式，就如文章开头的“黑鹰”直升机一般凶猛，行动诡秘而精准。林雕有时会站在悬崖岩石上或空旷地区的高大树木上，静候猎物出现，然后突然俯冲下去将猎物抓获，这是突袭；有时候则选择在高空

林雕

盘旋搜寻地面上的猎物；有时候则掠地而过，在低空飞行中捕食。当猎物逃跑时，林雕快速而敏捷地扇动两翅，对猎物飞行追捕，如果猎物钻进了丛林，它们也能高速而敏捷地在林间穿梭，像极了紧咬不放的战机。

林雕十分凶猛，对入侵它巢穴的敌人更是如此。林雕的护巢本能极其强烈，如果有人进入巢区或者想取走卵，它就会猛烈地展开攻击；只要不被杀死，任谁也别想取走它的卵或者雏鸟。

作为翱翔于蓝天的林雕，有时候是孤独的。它们在非繁殖期，往往独自在林间游荡。如果有一天你在山野中见到一只黑色的大鸟，也许它正是一只孤傲的林雕呢。

暗夜“猫”影
——褐林鸮

褐林鸮小档案

中文名称：褐林鸮
中文俗名：棕林鸮
学名：*Strix leptogrammica*
英文名称：Brown Wood Owl
科学分类：鸮形目鸱鸮科林鸮属
分布范围：分布于孟加拉国、不丹、文莱、柬埔寨、中国、印度、印度尼西亚、老挝、马来西亚、缅甸、尼泊尔、斯里兰卡、泰国、越南。在中国主要分布于南部及台湾地区
分布生境：多栖息于茂密的山地森林、热带森林沿岸地区、平原和低山地区，尤其是常绿阔叶林和混交林中，也出现于林缘和路边疏林以及竹林中
浙江观测点：浙江全境有分布，杭州市临安区清凉峰—龙塘山一带是目击记录较多的地区
IUCN 保护级别：低危（LC）

夜深了，月光洒向人间，碰到森林的树冠，破成了无数细碎的光影，透射到铺满落叶的地面上。一只小老鼠在忙碌地寻找食物，它小心翼翼，颤抖着胡须在落叶中穿行。突然，林地里刮过一阵风，没有任何声响，再定睛一看，小鼠却不见了，徒留下几片落叶在空中翻飞着。

这一场景可能每天都在森林中上演，那阵风，其实就是来自捕猎的猫头鹰。而本文的主角，就是一种居住于我国南部森林的猫头鹰——褐林鸮。

“夜猫子”这个对猫头鹰的称谓用来形容褐林鸮实在是再贴切不过了。一眼望过去，褐林鸮的脸和眼就像是一个棕色的盘子上点缀着两颗黑色的玻璃珠子。但仔细一看，你就会发现它的眼睛并没有那么大，只是眼睛周围有着一个大大的黑眼圈！就和很多熬夜的人一样，褐林鸮的黑眼圈特别明显，而且它们喜欢在夜间活动，白天在枝干上休息，行为方式也特别像“夜猫子”呢。当然，褐林鸮的黑眼圈可不是经常熬夜造成的，而是为了适应它们在夜间活动而慢慢演化形成的。大大的脸盘就像接收器，可以接收来自四面八方的微小声音，包括小鼠在落叶中行走的声音，而硕大的眼睛能让它们在黑夜中看得更清楚。

褐林鸮喜欢在夜间觅食，它们通常成对或单独活动。它们最喜欢吃啮齿类动物，像老鼠、松鼠，也会捕食小鸟、青蛙、小型兽类和昆虫。褐林鸮通常会站在枝头上，悄悄地等候猎物进入自己的视野，然后借着月色突然偷袭，一举将猎物捕获。就像文

褐林鸮

章开头的小鼠，尚不知道发生什么事就悄无声息地成为褐林鸮的美餐。

白天，褐林鸮和其他猫头鹰一样，喜欢躲藏在茂密的树林中，一动不动地、直立地栖息在靠近树干而又有浓密枝叶的粗枝上。它们生性机警，受到惊扰时会把羽毛收缩起来，伪装成一段朽木的模样，或者迅速飞离。

褐林鸮的叫声也很有特点，它们的声音和小鸟们明亮轻快的歌声不同，更像是男低音。它们的叫声通常是特别深沉的boo-boo或四音节goke-galoo，huhu-hooo声，有时候也会发出各种各样的类似号啕大哭、震颤、尖叫和窃笑的声音。

褐林鸮是国家Ⅱ级保护动物，私人饲养和捕捉都是违法行为。如果有一天你在森林中偶遇了它，请不要惊扰或者伤害它，也许它也在用带着“熬夜”后的黑眼圈的大眼睛注视着你呢。

第二章

湿地鸟类——依水而居

会潜水的“王八鸭子”——小䴙䴘

小䴙䴘小档案

中文名称：小䴙䴘
中文俗名：油鸭、王八鸭子
学名：*Tachybaptus ruficollis*
英文名称：Little Grebe
科学分类：䴙䴘目䴙䴘科小䴙䴘属
分布范围：分布于非洲、欧亚大陆、印度、中国、日本、东南亚、菲律宾、印度尼西亚至新几内亚北部。在中国各地包括台湾和海南岛均可见。
分布生境：栖息于湖泊、水塘、水渠、池塘和沼泽地带，以及水流缓慢的江河和沿海芦苇沼泽中。
浙江观测点：全境可见
IUCN 保护级别：低危（LC）

小鸊鷉（pì tī），看到这个生僻的名字，你可不要被吓到啊，它其实是一种很常见的会潜水的鸟类。它有一个绰号叫“王八鸭子”，这么叫是因为它潜水时偶尔会把头探出水面换气，顺带探测情况，那样子像极了一只鳖，另外它在潜水时翅膀紧贴圆滚滚的身体，腿向后伸，脖子向前伸，也很像一只在水中遨游的甲鱼。只有在它休息的时候，人们才能在水面上一睹它的全貌。

小鸊鷉尾短，翅短，腿短，使得它的体形近乎椭圆，加上它的羽毛全为绒羽，松软如丝，整个就像一个毛茸茸的葫芦。小鸊鷉会将尾脂腺分泌的油脂涂抹到羽毛上，羽毛沾了水后就会显得油光发亮，因此有人称它为水葫芦、油葫芦、油鸭。小鸊鷉的毛色整体偏暗，在非繁殖期上体灰褐色，下体白色，在繁殖期喉及前颈偏红，变化较为明显。另外，它那一圈偏黄虹膜中缀着一小颗黑色眼球的大眼睛也是其独特的标志。

小鸊鷉虽小，却有一双大脚。它的脚掌很大，脚蹼很宽，约占身体的1/4，同时鸊鷉的脚长得非常靠后，因此它在陆地上行动迟缓而笨拙，有一种“小短腿走路”的即视感。它的飞行力也较弱，在水面起飞时需要在水面涉水助跑一段距离才能飞起，飞行距离短而且飞得不高，在陆地上则根本不能起飞，似乎都是大脚的错。但这双大脚绝对不是小鸊鷉的累赘，相反，小鸊鷉还得感谢这双大脚给它游泳、潜水方面带来了便利。它的潜水时长可达35—45秒，潜水距离1—10米，可以品尝到水下丰富的美食。

小䴙䴘

当遇到危险时，小䴙䴘常常能施展水上轻功，像轻功大师表演水上行走：跃出水面，张开翅膀，两脚交替快速地踏水前行，在它身后留下一圈圈涟漪，然后它便急促地扇动翅膀，贴着水面飞行，它并不多飞，也不远走，飞翔一段距离后便一个猛子直潜水下，留敌人在原地傻眼。

小䴙䴘是中国最常见的水鸟之一，在中国东部大部分开阔水域，如水塘、湖泊、沼泽，都能见到它的身影，浙江当然也不例外。不过小䴙䴘因为体形小，毛色暗，一般单独或成小群活动，还时不时潜入水中，要找到它还需要一双好眼睛。小䴙䴘的巢也很隐蔽，成鸟通常将巢筑在有水生植物的湖泊和水塘岸边浅水处的水草丛中，它们咬断芦苇将其作巢基，搭叠上各种各样的水草，使巢漂浮于水面上，随水的涨落而起落，高高的芦苇、菖蒲等植物则掩护着这些浮巢，给幼鸟提供安全的空间。

看到这里，不妨多到你家附近的水域散散步，试着找找这些可爱的“王八鸭子”。它们虽然躲躲藏藏的，但一定不会拒绝一位同样爱着这片水域、这个家园的可爱的你。

我才不是小黑天鹅——黑水鸡

黑水鸡小档案

中文名称：黑水鸡
中文俗名：红骨顶、江鸡等
学名：*Gallinula chloropus*
英文名称：Common Moorhen
科学分类：鹤形目秧鸡科黑水鸡属
分布范围：除大洋洲外几乎遍及全世界，在中国繁殖于新疆西部、华东、华南、西南、海南岛、台湾及西藏东南的中国大部地区，并在北纬23°以南越冬
分布生境：栖息于植被丰富的淡水水域，也出现于林缘与路边水渠
浙江观测点：全境可见
IUCN保护级别：低危（LC）

试想这样一个场景：周末兴致勃勃地去浙江大学紫金港校区看黑天鹅，在欣赏它们那优雅高贵的身姿的同时，或许你也曾注意到某个角落里游弋的小黑鸟。这是什么呢？面对此疑问，如果想用“小黑天鹅”敷衍，那就太对不起黑天鹅本尊了，因为它们和那不请自来的邻居可是八竿子打不着的关系。

那么小黑鸟究竟是何方神圣？

黑水鸡来自鹤形目秧鸡科大家庭。中等体形的它形如其名，除了“吃水线”附近即两肋的白色细纹与白色屁股外，全身的羽毛呈青黑色。再配上亮红色的“嘴”，单从颜色上看还真像只小一号的黑天鹅！但若仔细观察，你就会发现那夺目的“红嘴”尖端有一抹黄色，这才是黑水鸡的嘴，那片鲜艳的红色则是它的额甲，就跟钢铁侠的面罩似的。若你有幸得见黑水鸡上岸，必将惊讶于它那奇长无比的脚爪——正是这水下推进器，赐予了它出类拔萃的游泳本领。

黑水鸡多见于湖泊、池塘及河道，常在水中慢慢游动，悠然自得之余还会在浮游植物间翻拣找食，真是一举两得，好不快活！当然，即便在水中活出了鸭子的风范，本质上它还是一只“秧鸡”。与人们印象中的秧鸡类似，黑水鸡也不善于飞翔，起飞前需要先在水上助跑很长一段距离，而且飞行速度缓慢，就算紧贴着水面也飞不了多远。黑水鸡为单配制，有较强的领域性，每到四至七月繁殖季节，便免不了能见到雄鸟为保护领地而驱赶入侵者的行为。

黑水鸡

俗话说“一方水土养一方人”，这句话对鸟类同样适用。傍水而居的黑水鸡不耐寒，因此长江以北的黑水鸡主要为夏候鸟，长江以南的多为留鸟。又因为它们一般不在咸水中生活，所以你在海里见到它们的概率微乎其微。当然，黑水鸡不喜欢光秃秃的空旷水域，这会使它缺乏安全感。所以当你站在水边时，不妨瞧瞧有植被遮掩的水面，保不准里面就有一只探头探脑的黑水鸡。

黑水鸡是幸运的。早在2000年，国家林业局已将它列入了《国家保护的有益的或者有重要经济、科学研究价值的陆生野生动物名录》。也就是说，自那时起，黑水鸡便是“三有保护”鸟类了！在人们有意识的保护下，如今的黑水鸡已成为最常见的鸟类之一，中国大部分地区都能看到它们的身影。希望你读完这篇文章，下次见到它们时，可别再“指鸡为鹅”了哦！

暮夜行者
——夜鹭

夜鹭小档案

中文名称：夜鹭
中文俗名：水洼子、夜鹤
学名：*Nycticorax nycticorax*
英文名称：Black-crowned Night Heron
科学分类：鹳形目鹭科夜鹭属
分布范围：分布于北美地区、欧亚大陆及非洲北部、非洲中南部地区、印度洋、中美洲、南美洲、印度次大陆及中国的西南地区、中南半岛和中国的东南沿海地区、太平洋诸岛屿、华莱士区。在中国国内广泛分布于黑龙江、吉林、辽宁、内蒙古、河北、北京、天津、山西、陕西、甘肃、宁夏、山东、河南、江西、四川、贵州、云南、福建，为夏候鸟；在江苏、上海、安徽、浙江，为夏候鸟、留鸟；在湖北、湖南、广东、香港、海南、台湾，为留鸟
分布生境：栖息于平原和低山丘陵地区的溪流、水塘、江河、沼泽和水田地上
浙江观测点：全境可见
IUCN保护级别：低危（LC）

说夜鹭是鹭家族中的颜值NO.1，或许有些绝对，但每位见过夜鹭的人都一定会被它那优雅的颜色与形态吸引，忍不住回头多看几眼。不得不说，我对水鸟的兴趣就是从夜鹭开始的。它的羽毛从头部至背部都是有金属光泽的蓝黑色，渐变到翅缘的灰色，胸部、腹部的灰白色，无不带着高级质感的纯色调。在繁殖季节，它头顶上会翘起两根优雅弧形的白色辫子，好似一位清高的神仙降临人间。

不过对于夜鹭来说，体长和姿态是它的硬伤，当它展开翅膀飞翔时或许还有几分优雅，但当它缩着脖子待在树上休息时，那驼着背、矮墩墩、懒洋洋的样子瞬间让“神仙”跌落凡尘。另外，也不是所有夜鹭都长得如此“仙气”，实际上只有成年夜鹭才会长出大量美丽的羽毛，而亚成鸟都还是土黄土黄的“土娃子”，翅膀上密密麻麻的斑点还会让你患上“密集恐惧症”。看来要养成优雅稳重的气质，并不是一蹴而就的呀！

丑小鹭慢慢长大，到了每年的四至七月，换上帅气的羽毛后，夜鹭们便进入了繁殖时期。在池塘、湖边，经常能看到满树的夜鹭，就像把一棵圣诞树的装饰物全换成了一只只夜鹭。通常情况下，夜鹭在白天会缩颈长期站立、梳理羽毛或在枝间走动，如果没有受到外界的干扰或威胁，它们都懒得动一下，就像一个个小老头躲在树枝荫凉处打着盹，那安静程度可能会让你对着满树的夜鹭发出疑问：“哪里有鸟呢？”临近傍晚，树林里才会伴随着夜鹭单调而粗犷的“哇哇”鸣叫声热闹起来。夜鹭名字里的“夜”正是对它

夜鹭

这种白天安静，傍晚活跃的习性恰如其分的概括。

在晨昏和夜晚，恢复活力的夜鹭开始开工抓鱼。在水下抓鱼，夜鹭的眼睛帮了它们不少忙。在夜鹭红色的虹膜外还有一层瞬膜，在头入水的一刹那，瞬膜就会迅速地遮住双眼，以避免遭到意外伤害和水的污染。出水之后，瞬膜立刻收回，恢复了正常情况下的良好视力。

夜鹭在中国分布较广，是常见的湿地鸟类，一般在水域边的灌木丛里或树间都能找到它。夜鹭是国家“三有”保护动物，近年来在某些地区因环境污染和人为捕捉，夜鹭的数量有所下降，而在某些地区却因缺乏天敌而泛滥，影响了湿地其他生物的生存。在浙江，夜鹭中既有夏候鸟，也有留鸟，一年四季都可能遇见它们，特别是在春夏季。浙江八大水系衍生出的大大小小的水域，只要鱼类丰富，水域边树林茂密，都极有可能成为夜鹭的根据地，市民捡到受伤夜鹭的新闻也是屡见不鲜。如何对夜鹭的数量做好控制，保护好湿地生态，是我们面临的一个问题。

渔夫的帮手
——普通鸬鹚

普通鸬鹚小档案

中文名称：普通鸬鹚
中文俗名：黑鱼郎、鱼鹰
学名：*Phalacrocorax carbo*
英文名称：Great Cormorant
科学分类：鲣鸟目鸬鹚科鸬鹚属
分布范围：全世界广泛分布，包括北美地区、欧亚大陆、非洲北部、非洲中南部，印度次大陆及中国的西南地区、中南半岛和东南沿海地区、太平洋诸岛屿、澳大利亚和新西兰，其中国亚种繁殖于黑龙江、吉林、辽宁、内蒙古、青海、新疆、西藏等地，迁徙经华北至长江以南地区、台湾、海南等地
分布生境：栖息于河流、湖泊、池塘、水库、河口及沼泽地带
浙江观测点：秋冬季全境可见
IUCN保护级别：低危（LC）

“一般毛羽结群飞，雨岸烟汀好景时。深水有鱼衔得出，看来却是鹭鹚饥。”作为捕鱼的好手，鸬鹚很早就与人类生活产生了紧密的联系。在古人的诗句或画中，常常出现这样的场景：一位一身蓑衣戴着斗笠的渔夫站在竹筏上随江漂流，竹筐上停着几只黑色的水鸟——鸬鹚，人与鸟正翘首企盼着远方，与葱郁的山峦倒映成一条山水画廊。现在用鸬鹚捕鱼的渔夫越来越少了，这样的场景也许只能在一些重峦叠嶂的小山村才能见到。相信大家对这位渔夫帮手一定充满兴趣，那就让我们一起来看看吧。

普通鸬鹚是鸬鹚的一种，在世界范围内广泛分布，我们在中国境内看到的是普通鸬鹚的中国亚种。普通鸬鹚的体形修长，全身呈带有紫色金属光泽的蓝黑色，只有厚重的嘴边有裸露的白色区域。到了繁殖季节，普通鸬鹚的腰两侧各会形成一个三角形白斑，头部及上颈部份出现白色丝状羽毛，变成了“不普通鸬鹚”。

普通鸬鹚有一条长长的可弯曲的脖子，其内有可伸缩的喉囊，可以用来储存鱼、虾，这使得鸬鹚在一次潜水过程中可以进行多次捕猎。一般的水鸟捉到鱼后会吐出来给孩子吃，但是鸬鹚家长比较特殊，它们捕到鱼后会张开嘴，让鸬鹚宝宝把头伸进自己的咽部取食已经半消化的鱼体。可以说，为了让孩子吃得好，鸬鹚一家人也是不顾形象了……

虽然长长的脖子便于普通鸬鹚在水下觅食，但这一特性同时也被渔夫所利用。只要用绳子勒住鸬鹚脖颈的底部，鸬鹚就无法把鱼咽下去，此时把鸬鹚召回渔夫身边，让鸬鹚吐出大鱼换取小

普通鸬鹚

鱼吃，久而久之鸬鹚便形成了习惯，捉到大鱼后不会直接吞下，而是飞回渔夫身边用大鱼换取小鱼。利用鸬鹚捕鱼有3000年的历史，在浙江各地都有鸬鹚捕鱼的技艺。在宁波沙岗村，鸬鹚捕鱼是一种非物质文化遗产，只要主人一声令下，数只鸬鹚便扎向水域，不一会便陆陆续续叼来大鱼扔进筐中，而鸬鹚累了后，渔夫会将一条条小鱼投给鸬鹚，这种神奇景象是生活在都市的人们所看不到的。渔夫与鸬鹚的关系本是诗意的，但在现代社会利益的驱使下，许多渔民为了让鸬鹚捕到更多的鱼，让鸬鹚一直处于饥饿状态，对待鸬鹚的手段也越来越残忍，这也使得鸬鹚捕鱼逐渐被禁止，如今面临着失传的危险。一边是延续几千年的民俗，一边是鸬鹚的生存质量，这架天平在你心中会向哪一方倾斜呢？

俏美打鱼郎
——普通翠鸟

普通翠鸟小档案

中文名称：普通翠鸟
中文俗名：打鱼郎、钓鱼郎、小翠等
学名：*Alcedo atthis*
英文名称：Common Kingfisher
科学分类：佛法僧目翠鸟科翠鸟属
分布范围：广泛分布于欧洲、亚洲，在中国分布于东北、华东、华中、华南、西南地区及海南、台湾等地。另有指名亚种繁殖于天山。
分布生境：栖息于林区溪流，水流较平缓且小鱼数量多的水域周围
浙江观测点：全境可见
IUCN保护级别：低危（LC）

“翠鸟喜欢停在水边的苇秆上，一双红色的小爪子紧紧地抓住苇秆。它的颜色非常鲜艳。头上的羽毛像橄色的头巾，绣满了翠绿色的花纹。背上的羽毛像浅绿色的外衣。腹部的羽毛像赤褐色的衬衫。它小巧玲珑，一双透亮灵活的眼睛下面，长着一张又尖又长的嘴……”

这段形象生动的文字，出自小学课文《翠鸟》。它在我幼小的心灵中第一次描绘出了鸟类之美，也从此埋下了希望能亲眼看到翠鸟的愿望。多年以后，当我在杭州植物园终于见到心心念念的小翠鸟时，兴奋得几乎大叫出来。犹记得那天，色彩明丽的小精灵立在亭亭的荷秆上，头顶的蓝绿色细斑在午后阳光的照耀下熠熠生辉。在围观众人的啧啧赞叹声中，小翠毫不避讳地打理起了华裳，还不时转动身体，360° 无死角地展示自己的美。

虽然短得出奇的尾和长得出奇的嘴给人一种头重脚轻的感觉，但人家可是不折不扣的打鱼高手。正所谓“王者往往是孤独的”，独来独往的普通翠鸟常常耐心地栖在近水的树枝、电线或岩石上，一旦发现食物便迅速俯冲，动作干净利落。有时为了炫耀自己的飞行技术，翠鸟也会鼓动双翼悬停于空中，低头直勾勾地注视水面，一旦发现猎物的踪迹，便如离弦之箭射入水中，得手后甩甩水扬长而去。有趣的是，翠鸟喜欢将猎物带回栖息地，摔打、把玩一番后再美美享用，好一只善于享受生活乐趣的鸟啊！翠鸟们扎入水中还能保持极佳视力的奥秘在于翠鸟具有瞬膜，同时它的眼睛中的中央凹能迅速调整水中光线造成的视角反

普通翠鸟

差，因而上天入水无所不能！

在翠鸟科，普通翠鸟还有许多兄弟姐妹。它们无一例外都有着璀璨的色彩与高超的捕猎技巧，令人过目难忘。其中外貌与小翠最相近的是蓝耳翠鸟和斑头大翠鸟——它们相似的配色与气质或许会迷了你的眼，难辨谁是谁。但其实还是有迹可循的——横贯眼部的橘黄色条带是普通翠鸟区别兄弟姐妹的特征之一。如果你想解决“安能辨我是雄雌”的问题，不妨看看它的嘴：雄鸟全黑，雌鸟的下半部分则是橘黄色的。

在《翠鸟》这篇课文的结尾，作者借老翁之口教导我们要与翠鸟做朋友。翠鸟曾经因为其亮丽的蓝色羽毛可用作点翠首饰的原料而遭到大量捕杀，种群数量一度急剧下降。翠鸟是一种环境指示物钟，对生态环境的要求较高，我们要好好呵护家乡的环境，这样才能体验到翠鸟这抹靓色划过池塘、留驻在你身边的幸福感。

云中歌手
——小云雀

小云雀小档案

中文名称：小云雀
中文俗名：朝天柱、百灵、阿兰等
学名：*Alauda gulgula*
英文名称： Oriental Skylark（常用），Small Skylark
科学分类：雀形目百灵科云雀属
分布范围：分布于欧亚大陆及非洲北部，印度大陆及中国的西南地区、东南沿海地区及太平洋诸岛屿。中国有7个亚种，分布于全国，浙江为*Alauda gulgula* coelivox 亚种
分布生境：栖息于开阔平原、草地、低山平地以及沿海平原
浙江观测点：全境可见
IUCN保护级别：低危（LC）

作为百灵科的鸟类，小云雀天生一副好嗓子。它们的叫声多变清脆，而且它们十分聪敏，会学习其他鸟儿的叫声，有的叫麻鸟口、猫口等，清脆悦耳，号称“气死百灵”的就是它啦！记得有一次我走在稻田边，看见不远处一只小云雀从地面垂直飞起，边飞边鸣叫，它拍着翅膀在空中悬停一会儿，又向更高处飞去，好像要直入云霄。鸟儿飞得很高的时候，我们从地面上无法看到它的身影，只能听到清脆的歌声，仿佛从云中传来，这大概也是“小云雀”一名的来历，它着实是一位让人拍手称赞的云中歌手。

与婉转动听的嗓音相对的是它们低调的外表。小云雀生得十分小巧，体长16厘米左右，身材纤细。褐色的尖嘴，肉黄色的脚，棕色的外羽，带有黑褐色的纵纹，只露出白白的腰肢和肚子。这样一身打扮，就好像穿着一件完美的隐身衣，躲藏在草地中时让人难以分辨，因而减少了被捕食者发现的概率。小云雀的头上还有一顶小帽子，寻常时候是看不见的，只有受到惊吓时才会显露出来，俗语叫“起凤”，那是一撮竖起的羽毛，看起来十分精神。

这里必须提到小云雀的一家近亲——云雀。它们的样貌非常相似，时常被混淆。其实，云雀的个头要大一些，体态更丰满，羽毛的颜色也更加深，一旦开嗓，就急促地叫个不停，相比小云雀的柔美灵巧，更像个急性子的大哥哥。

小云雀虽名含“云”字，但是大多数时候在地面上活动。它

小云雀

们也并非孤芳自赏的歌手，而是爱好社交的活泼小鸟。与它们纤细的外表不相符的是其发达的运动神经，它们常常成群结队地四处奔跑，找寻喜爱的植物和昆虫。

每年四至七月，小云雀迎来了繁殖期，这也是雄鸟们在心爱的“姑娘”面前大展动听歌喉和展示曼妙舞姿的时候。雄鸟们使出浑身解数在空中飞翔盘旋，唱着高昂悦耳的歌，响亮地拍动自己的翅膀，以吸引雌鸟们的注意。整片栖息地都充满着热闹的气氛。新娘新郎总是选择在地面上的草丛或树根附近搭建家园，有的甚至会选择有人类活动的稻田、土坡。鸟巢非常小，外径约12厘米，几乎只有一支笔长，每个小窝里会有三至五枚淡灰色中有褐色斑点的鸟蛋。小小的鸟窝十分脆弱，又隐蔽在草丛里，所以我们在筑巢地附近活动时要加倍小心，擦亮眼睛、注意脚下。

因为歌声动听，体态优美，小云雀成了养鸟者比较偏爱的一种鸣禽，它们用歌喉给人类带来了快乐。不过我们也要好好保护它们，只有在自然界中，它们的声音才是最动听、最快乐的。

水边的淘气包
——金眶鸻

金眶鸻小档案

中文名称：金眶鸻
学名：*Charadrius dubius*
英文名称：Little Ringed Plover
科学分类：鸻形目鸻科鸻属
分布范围： 北非、古北界（全球生物地理区一级区划六大界之一。由撒哈拉沙漠以北的非洲、欧洲大陆、中亚及包括西伯利亚在内的亚洲大陆北部地区组成。大部分为大陆景观、荒漠、高原、冻原等地区）
分布生境：栖息于平原和丘陵地带的湖泊、河流岸边以及附近的沼泽、草地和农田地带，也出现于沿海海滨、河口沙洲
浙江观测点：全境可见
IUCN保护级别：低危（LC）

第一次见金眶鸻（héng），我就对它眼睑周围的那一圈金黄色难以忘怀，更深深折服于它的“贪玩”。

金眶鸻是一种小型涉禽，喜欢蹦跶在静谧的湖泊边和流水潺潺的河岸边，在沿海海滨、河口沙洲也经常可以瞧见它欢快俏皮的身影。金眶鸻长得略显小巧，体长15—18厘米，体重也仅相当于三分之二个鸡蛋的重量，可是只要见过它一次，下一次你就一定可以信心满满地叫出它的名字来。金眶鸻下体纯白，上体呈沙褐色，脖子上有一条雪白的环带，仿佛高高竖起的白衬衫领子，追求时尚的它还系上了黑色的领带，好不英姿飒爽！若是在夏天，它头顶、额前和眼睛周围的羽毛便是黑色的，仿佛戴上了一副独一无二的墨镜。不过，它身上最醒目的还是眼睑四周的那一圈金黄色了，这也正是其名字的由来。

别看它们将自己打扮得如同绅士淑女一般，但骨子里仍是一个爱玩的调皮鬼。水边的沙滩上，一只金眶鸻静静地立在那儿，看着它炯炯有神的眼睛，你会觉得它酷似一位严肃的领导，可是下一刻，它的行为就让人大跌眼镜……骤然间，它像是尾巴突然着火似的，两条细如牙签的腿急速地运动着。倏地，它停了下来，孤傲地立着身子，眼珠子一动不动，眼睑周围的金色环带又为它平添了三分霸气。可惜帅不过三秒，它又忽然埋下头，不长的小嘴有节奏地不停啄食着。不一会儿，似是已经吃下了什么，伴随着一声声单调而细弱的叫声，它重新开始迈着小碎步前行，忽然又停下了，接着又开跑，又停，又跑……毫不过分地说，它

金眶鸻

是这片沙滩上的最佳动作明星。不仅如此，金眶鸻还是一位“独行侠”，通常单只或成对闹腾，很少会群体一起活动。

尽管金眶鸻很“爱玩”，但是它们在产卵后的孵化期则是负责体贴的父母。金眶鸻的繁殖期在每年的五至七月，鸟巢大多筑于水边的沙地或沙石地上。除了玩，它们啥也不擅长，这从它们的“温馨小窝”上就可以看出来。金眶鸻的鸟巢大都非常简陋，若是有自然的凹窝或许还好些，有时候它们直接在沙地上刨一个圆形凹坑，不需要加任何巢材，直接在这个浅坑——如果把这个就称为“巢”的话——产卵。

五月中下旬，金眶鸻开始产卵，每年产一窝，一窝内有三至四枚梨形沙褐色鸟卵，卵壳密布细碎的灰黑色斑点，与周围环境极为相似，就像旁边的小石头。因为巢穴简陋，加上卵长得跟石头一样，人们很难发现，很容易忽略或是踩上去。如果你周围有金眶鸻在焦急得跑来跑去或尖叫，这就说明你可能快要踩到它的蛋了，这时候你最好原路返回。

鸟卵的孵化时长约为二十天。孵化期间，孵化工作主要由雌鸟完成，但是白天孵化主要利用砂石本身的温度，不需要亲鸟坐巢，亲鸟会每隔一段时间返回巢查看。大概是天性贪玩，因此鸟宝宝悟性惊人，破壳后不久即能行走，不到一个月就能跟着父母一起飞行。然后，就开始在外边疾行、骤停、疾行、骤停……

金眶鸻以昆虫为食，也吃一些植物种子等。目前它的种群还算稳定，希望我们一起保护好湖泊、河岸等生态环境，让每一只金眶鸻都能一直无忧无虑地玩耍。

特别的嘴特别的我——反嘴鹬

反嘴鹬小档案

中文名称：反嘴鹬
中文俗名：无
学名：*Recurvirostra avosetta*
英文名称：Pied Avocet
科学分类：鸻形目反嘴鹬科反嘴鹬属
分布范围：欧洲至中国、印度及非洲大部
分布生境：栖息于各种湿地、湖泊、河流
浙江观测点：全境可见
IUCN保护级别：低危（LC）

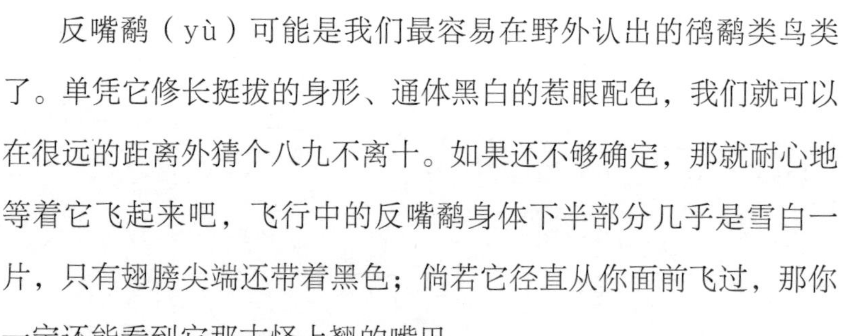

反嘴鹬（yù）可能是我们最容易在野外认出的鸻鹬类鸟类了。单凭它修长挺拔的身形、通体黑白的惹眼配色，我们就可以在很远的距离外猜个八九不离十。如果还不够确定，那就耐心地等着它飞起来吧，飞行中的反嘴鹬身体下半部分几乎是雪白一片，只有翅膀尖端还带着黑色；倘若它径直从你面前飞过，那你一定还能看到它那古怪上翘的嘴巴。

这嘴巴恐怕是反嘴鹬浑身上下最令人印象深刻的部位了。大自然中大多数鸟类的嘴巴要么是直的，要么稍稍向下弯曲，猛禽类的嘴大多呈倒钩形状。反嘴鹬可谓独树一帜，它虽然和其他鸻鹬一样有着又细又长的嘴巴，但它的嘴巴前端是向上翘的，这也就是“反嘴鹬”这个名字的由来。这嘴巴可不是专门为了吸人眼球，这样的嘴形恰恰利于反嘴鹬在淤泥中寻找鱼虾河蚌等食物。如果有一天你看到一只反嘴鹬走在淤泥地里，嘴巴钻进泥地里，边走路边摇头，那可不是什么古怪的仪式，而是反嘴鹬在觅食呢。

外形独特的反嘴鹬，同样也是湿地鸟类家族中一个特别的成员。说它特别，除了因为它独一无二的外表，还因为它在鸟类分类体系里的特别地位。广义上，生活在中国的鸻鹬鸟类足有七八十种，它们大多是鸻科和丘鹬科的成员，但是反嘴鹬却自成一派，只和它的亲戚黑翅长脚鹬一起被分在反嘴鹬科，也算是一个“小门派”的掌门人了。

我第一次见到反嘴鹬是在黄海之滨的江苏，事实上，反嘴鹬

反嘴鹬

的分布范围很广，从浙江沿海的海岸水塘，到内陆省份的湖泊河流，到处都能看到它们黑白色的倩影。反嘴鹬喜欢集群活动，特别是到了迁徙季，常几百上千只一起活动。在每年夏天的繁殖季节，它们会聚到一起，在中国北方开阔平原上的湖泊岸边筑小巢。而到了冬天，反嘴鹬们又会结成大群在东南沿海等地越冬。可以说，我们无论走到哪里，都能一睹这些黑白灵动的湿地精灵的风采。

鹤立“鹬”群
——黑翅长脚鹬

黑翅长脚鹬小档案

中文名称：黑翅长脚鹬

中文俗名：红腿娘子、高跷鸻等

学名：*Himantopus himantopus*

英文名称：Black-winged Stilt

科学分类：鸻形目反嘴鹬科长脚鹬属

分布范围：在中国主要繁殖于新疆、青海、内蒙古、辽宁、吉林和黑龙江等地，迁徙季节全国各地均有记录。部分越冬于广东、香港和台湾等华南地区

分布生境：栖息在开阔平原草地的湖泊、浅水塘和沼泽地带

浙江观测点：全境可见

IUCN保护级别：低危（LC）

“鹬蚌相争，渔翁得利”这个故事家喻户晓。作为主角之一的蚌，或许你已在集市上见过不少了。那么鹬这个冒失的贪吃鬼又长什么样呢?

鹬者，水鸟也。作为古今中外有着极高人气的鸟类，它曾在1983年版的国产水墨动画片《鹬蚌相争》中作为主角出现，该片获1983年中国电影金鸡奖优秀影片奖，又一举摘得1984年西柏林国际电影节最佳美术片奖等三项国际大奖。2016年，由皮克斯出品的动画短片《鹬》更是斩获第89届奥斯卡金像奖最佳动画短片奖。在全球100多种鹬中，被称作“一眼误终生”的黑翅长脚鹬，算是特立独行的一种了。

首先，比起那些形貌相近的同类，黑翅长脚鹬真正做到了形如其名：乌黑发亮的双翅收在腰间，与白色的身体形成强烈对比；一双粉红的筷子腿又细又长，无“鹬”能及；漆黑的利嘴细长又尖锐，使它即便踩着高跷也能从容觅食。值得注意的是，当雄鸟换上夏装后，头顶至后颈往往呈现黑色，而它们的冬装则与雌鸟一样，头颈近乎全白。

其次，这双傲视群“鹬”的大长腿加上浑然天成的黑白配色，让黑翅长脚鹬拥有水鸟中绝美的身材比例和外形。相对于其他矮墩墩的鸻鹬类，当它在水中走动时，步伐缓慢而优雅，身形轻盈而稳健，宛如亭亭玉立的“美人”——大概“红腿娘子”的名号就是这么来的吧!

当然，“鸟界超模”的生活可不是这么容易的。为了躲避

黑翅长脚鹬

“狂热粉丝”的潜在危害，黑翅长脚鹬大多胆小而机警，当有干扰者接近时，常不断地点头示威，然后抓住机会紧急升空。在空中飞行时，瘦长的红腿向后绷直，几乎与身体等长，故在地面观测时极易辨识。

作为万千候鸟中的一员，黑翅长脚鹬每年都会在广袤的国土上空来回奔波。我第一次如愿见到这特立独行的鸟儿，正是它们过境浙江的时候。夕阳下这群突然而至的访客为寂静的水塘增添了一丝神秘与生机。

与大多数鸻鹬一样，黑翅长脚鹬主要以软体动物、虾、甲壳类、环节动物、昆虫，以及小鱼等动物性食物为食，它们常在滩涂、浅水、沼泽等地成松散小群活动，偶尔也单独或成对出没。黑翅长脚鹬在沼泽地涉水奔走如履平地，常常边走边在地面或水面啄食，浅水滩的小鱼虾一旦被发现就难逃厄运，有时它将嘴插入泥中探觅食物，有时甚至会踏进齐腹深的水中然后一头扎入！如此贪吃，难怪会发生“鹬蚌相争”的故事了！

“浅滩亭亭浣纱女，典雅端庄颜如玉。”漂亮得近乎完美的黑翅长脚鹬属于碧水蓝天，作为“三有保护”鸟类，希望随着生态环境的好转，我们能看到更多的“长腿娘子”的身影。

贪吃的“古典美人”——凤头麦鸡

凤头麦鸡小档案

中文名称：凤头麦鸡
中文俗名：田凫
学名：*Vanellus vanellus*
英文名称：northern lapwing
科学分类：鸻形目鸻科麦鸡属
分布范围：广布欧亚大陆，在中国广泛分布，北至黑龙江、内蒙古等，南至海南、西沙群岛等，东至浙江、台湾等，西至新疆等
分布生境：栖息于湿地、沼泽、农田等
浙江观测点：全境可见
IUCN保护级别：近危（NT）

虽然头顶凤冠，但凤头麦鸡的长相并不凌厉，反而自带一种秀美气质。它们的体长仅约30厘米，漂亮的黑色冠羽细长，弯曲着向后延伸，不时微微抖动，好像在实时解读显示主人的心情。白色的双颊上各有一条黑纹，乌黑的尖嘴，黑亮的眼珠，十分秀丽。背部的羽毛呈现出富有光泽的绿色，仿佛身披彩衣，双足橙褐色，更增俏丽。总之，这位古典美人浑身上下都好像在暗示两个字——精致。不仅外表出众，凤头麦鸡平时的叫声也十分娇嫩。

可能你很难想象看似娇气的鸟儿却有极强的适应能力。除了成群结队互帮互助之外，它们的足迹之所以能遍布欧亚大陆，还有一大秘诀是“贪吃”。可谓“一方水土养一方人”，凤头麦鸡太会“因地制宜”了——住在河湖湿地的凤头麦鸡擅长捕捉鱼虾，它们身处农田的伙伴却爱吃蝗虫等昆虫，安家在山坡的同类则四处翻找蚯蚓和蜗牛等。可以说，凤头麦鸡在吃饭方面毫不挑剔，会尝试吃掉身边一切能够吃的东西，是当之无愧的鸟中吃货。因为凤头麦鸡喜食蝗虫，所以它们的存在对农业生产意义重大，往往凤头麦鸡数量比较多的地区蝗虫就不容易泛滥。凤头麦鸡可谓是典型的益鸟。

凤头麦鸡对于繁殖巢穴的要求也十分低。每年四至七月是它们的繁殖期。在它们看来温馨的小窝在我们眼里不过是用爪子刨出来（有时甚至是现成的）的一些土坑。不过它们却是十分尽责的父母，在带孩子方面展现出超人的勇气和智慧。凤头麦鸡会轮

凤头麦鸡

流照顾自己的蛋（但鸟妈妈的孵蛋时间比爸爸更长），并且会对一切来犯的外敌英勇地“群起而攻之”，它们不停上下翻飞并大声鸣叫以威慑对方，如果孩子受到威胁，它们甚至会以自己为诱饵吸引敌人远离鸟宝宝。小凤头麦鸡成长得很快，出壳后没几天就能满地乱窜，是一群小顽皮，但是在遇到危险时又能表现得异常镇定，其心理素质十分令人佩服。

凤头麦鸡是我十分偏爱的一种鸟类，因为它们美丽迷人的外表和大大咧咧却不失机敏的性格，也因为看到一群小绒球在妈妈身边“滚动”时给我带来的惊喜。凤头麦鸡在北方繁殖，秋冬季节南迁，在浙江是冬候鸟。所以如果想要在浙江一睹它们的风采，可以选择在秋冬季节探寻，杭州、富阳、嘉兴、宁波等众多地方都可能见到它们的身影。

虽然凤头麦鸡一向被认为数量众多，但在世界范围内，它们其实正受威胁。在2015年，凤头麦鸡的保护级别由LC（低危）转为了NT（近危）了。

凌波仙子
——水雉

水雉小档案

中文名称：水雉
中文俗名：鸡尾水雉，长尾水雉
学名：*Hydrophasianus chirurgus*
英文名称：Pheasant-tailed Jacana
科学分类：鸻形目水雉科水雉属
分布范围：分布于印度，缅甸，泰国，马来半岛，中南半岛，菲律宾，印度尼西亚，阿曼及中国的云南、四川、广西、广东、福建、浙江、江苏、江西、湖南、湖北、香港、台湾、海南岛等长江流域和东南沿海省区
分布生境：栖息于富有挺水植物和浮叶植物的淡水湖泊、池塘和沼泽地带
浙江观测点：全境可见
IUCN保护级别：低危（LC）

这一天，阳光正好，水面上碧波荡漾，乳白的睡莲开得正好，风一吹，把湖里的蓝天都吹皱了。忽然，有一个在睡莲间欢快地跳跃的身影进入了我的视线，艳丽的羽色，优美的身姿，好似一位仙子。没错，这就是有着“凌波仙子”美称的水雉（zhì）。

夏天，是“仙子”们最美的时光。头部、喉部、脸颊及脖子前部都“染”成了雪白。脖子的后部是醒目的金黄色，其中有一条黑线，将脖子前后的雪白与金黄分开。背部和肩部呈现棕褐色，在阳光的照耀下，呈现淡淡的紫色光泽。腰部、尾巴上的羽毛都呈黑色，下体为棕褐色。蓝灰色的嘴，尖端点缀些许绿色，趾为淡淡的绿色。而到了冬天，水雉便换了新装，眉纹变白，脖子两侧出现黄色纵带。如果仔细观察，还可以看到一条粗的黑褐色过眼纹沿着颈侧的纵带向下与较宽阔的黑褐色胸带相连接，下体为白色，尾巴也变得稍短。

水雉不仅体态优美，像一位出水的仙子，它们平日里的活动姿态也很“仙女范儿”。它们总是步履轻盈地跳跃于浮出水面的莲、菱角等水生植物上，来来回回地奔走停息，有时也扑棱着翅膀沿着水面低飞。有趣的是，水雉的鸣叫声十分特别，类似猫的“喵喵”声。

水雉的繁殖方式也很特别，为一雌多雄制，一只雌鸟占领繁殖场域后会有多只雄鸟进入该场地向雌鸟求偶。水雉的繁殖期是四至九月，在繁殖早期占域时雌鸟常会发生争斗。繁殖期，水雉

水雉

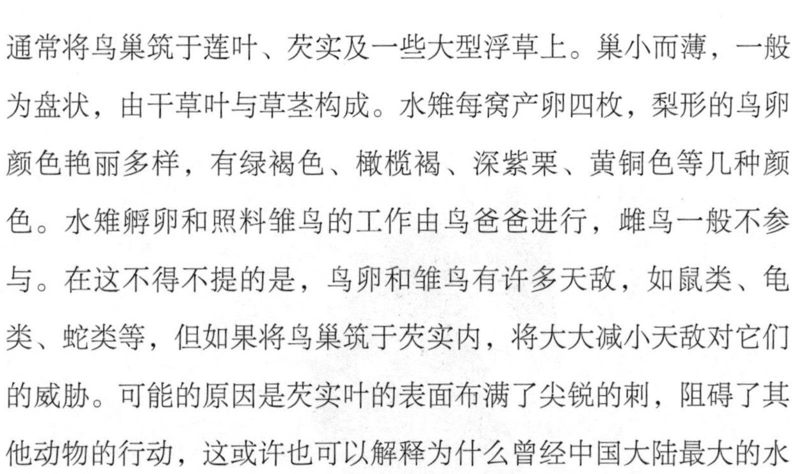

通常将鸟巢筑于莲叶、芡实及一些大型浮草上。巢小而薄，一般为盘状，由干草叶与草茎构成。水雉每窝产卵四枚，梨形的鸟卵颜色艳丽多样，有绿褐色、橄榄褐、深紫栗、黄铜色等几种颜色。水雉孵卵和照料雏鸟的工作由鸟爸爸进行，雌鸟一般不参与。在这不得不提的是，鸟卵和雏鸟有许多天敌，如鼠类、龟类、蛇类等，但如果将鸟巢筑于芡实内，将大大减小天敌对它们的威胁。可能的原因是芡实叶的表面布满了尖锐的刺，阻碍了其他动物的行动，这或许也可以解释为什么曾经中国大陆最大的水雉种群在盛产芡实的广东肇庆鼎湖区永安镇了吧（2005年永安镇被划为工业用地，芡实塘面积逐年减少，水雉的数量也随之减少，现在当地已看不到水雉）。

目前，水雉在中国的分布范围正在渐渐缩小，希望有越来越多的人了解水雉的生存状况，不要破坏它们的栖息地，让我们共同携手保护这些“凌波仙子”！

西湖新居民
——鸳鸯

鸳鸯小档案

中文名称：鸳鸯
中文俗名：官鸭、匹鸟
学名：*Aix galericulata*
英文名称：Mandarin Duck
科学分类：雁形目鸭科鸳鸯属
分布范围：俄罗斯东部，日本，朝鲜及中国的东北、华北、两广地区
分布生境：溪流、湖泊、芦苇塘或稻田地中
浙江观测点：全境可见
IUCN保护级别：低危（LC）

提起鸳鸯，想必我们都不会太陌生。从“泥融飞燕子，沙暖睡鸳鸯”，到“只羡鸳鸯不羡仙”，鸳鸯成了古往今来许多文人墨客笔下的常见意象。而成双成对的鸳鸯形影不离的和谐画面，也使得鸳鸯成了爱情和忠贞的代名词，成了甜蜜感情的象征。

那我们现实中见到的鸳鸯是怎样的呢？我们几乎能立刻回忆起其五彩斑斓的模样。确实，鸳鸯雄鸟的样子总能让人过目不忘。翠绿的额头，朱红色的喙，十分显眼的宽宽的白色眉纹，脖颈间长着长矛似的栗色羽毛，紫色的肩羽，胸腹间有白色斑纹，翅膀后还有一对黄色的羽毛直立在背上，诸多令人叹为观止的细节只有亲眼见过才能完全领略。相比之下，雌鸟的色泽则灰暗很多，全身以棕灰色为主，唯有眼睛之后那道明显的白色纹路才能体现鸳鸯的特征。

鸳鸯是一种游禽，爱在湖泊、水塘等地成群活动。如果你在四至五月的繁殖季节看到雄鸟们纷纷对着雌鸟做出一系列抬头、提胸等特定动作，显得呆而奇怪，那就是雄鸟在求偶啦。在求偶时，雄鸟凭借自己鲜艳的羽毛，以及一系列固定的求偶动作，吸引雌鸟的注意并完成交配，看似“优雅”的雄鸟甚至会为争夺配偶大打出手，互啄羽毛，只有胜利者才能得到那只“梦中情鸯”。

但实际上，鸳鸯的行为习惯和我们的传统认知有很大的差距，它们并非一夫一妻“共白头”。尽管在繁殖前期鸳鸯也会成双成对形影不离，但在繁殖后期雌鸟产卵后，雄鸟就不管不顾，

鸳鸯

当起了“甩手掌柜”，育雏的责任则完全交给了雌鸟。鸳鸯雌雄之间的配偶关系往往只能维持一个繁殖季，到了第二年，大家就“另寻新欢”了。在大自然的法则下，鸳鸯演化出这样的繁殖方式有利于自身基因最大程度的传承，这本就属于自然奇妙而正常的一部分，我们不可仅仅依人类的想法而给其贴上“滥交”的标签。

说起鸳鸯，还不得不提它和杭州的一段佳话。鸳鸯在浙江是冬候鸟，冬天鸳鸯从北方成群迁徙而至，春天再返回北方繁殖。但是2005年，杭州西湖第一次记录到有鸳鸯春季不北迁，留在西湖繁殖。然而第一年由于天敌、人类喂食和捕猎等影响，鸳鸯并没有繁殖成功。2006年，人们没有发现鸳鸯在西湖繁殖。2007年，人们再次在西湖边发现鸳鸯妈妈带着小鸳鸯活动。这一年，浙江野鸟会组织志愿者专门看护这一家子。2009年开始，每年都有鸳鸯在杭州繁殖，之后只要一发现有小宝宝出生，杭州野鸟会和西湖水域管理处都会组织志愿者参与保护，园林部门还专门下水给鸳鸯搭建爱心桥。在杭州人民的爱心守护下，每年有越来越多的鸳鸯停留在西湖繁殖并取得成功。2019年，西湖边有13窝总共102只小鸳鸯出巢，最终存活了68只，创了历史新高。

为了研究留在西湖边和在西湖边出生的鸳鸯是否会迁徙，2018年全国鸟类环志中心、杭州市鸟类与生态研究会和浙江野鸟会的专家一起在西湖边给四只成年鸳鸯、两只幼年鸳鸯戴上了脚环，其中五只还配戴了GPS。2019年，大家惊喜地发现，当年出生的鸳鸯中，有一个家庭的妈妈正是2018年在西湖被环志的鸳鸯中的一只。

冬季留在杭州的鸳鸯多在三至七月间进行繁殖。鸳鸯在树洞里做巢产卵，杭州优美的生态环境为鸳鸯提供了繁殖的场所和足够抚育后代的食物，这也是鸳鸯留下来繁殖的重要原因。鸳鸯宝宝为早成雏，一般孵化后当天或第二天即从树洞里跳出来，跟随妈妈一起活动觅食。雌鸳鸯独自负责孵化和带小鸳鸯，这个时候妈妈护崽心切，会驱赶靠近鸳鸯群的其他鸟类，包括不属于本家庭的其他鸳鸯。

由于鸳鸯很可爱，总有很多热心市民想投喂小鸳鸯，但是这样的行为对鸳鸯并不友好。人类投喂的食物五花八门，很多是鸳鸯不能消化的，这给鸳鸯带来了极大的伤害。每到繁殖季节，浙江野鸟会和西湖水域管理处都会组织志愿者在湖边巡逻，劝阻投喂行为和制止对小鸳鸯的伤害行为，2019年有多达五百名志愿者守护了一百零一天。现在每到鸳鸯繁殖季节，志愿者都会在西湖边守护鸳鸯，这也成了西湖边一道靓丽的风景线。

若想在浙江观赏鸳鸯,不妨来西湖看看吧，现在一年四季都可以看到鸳鸯在此凫水嬉戏，吸引诸多游人驻足观望。鸳鸯的存在更为本就迷人的西湖增添了一份浪漫。

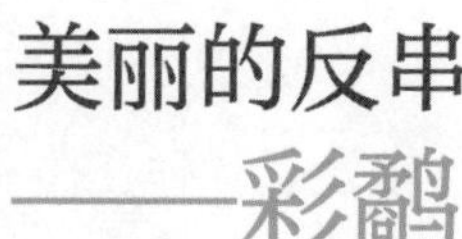

彩鹬小档案

中文名称：彩鹬

学名：*Rostratula benghalensis*

英文名称：Greater Painted Snipe

科学分类：鸻形目彩鹬科彩鹬属

分布范围：非洲、印度、中国、日本、东南亚及澳大利亚

分布生境：平原、丘陵和山地中的芦苇水塘、沼泽、河渠、河滩草地和水稻田中

浙江观测点：繁殖季节全境有分布，但数量少，难发现

IUCN保护级别：低危（LC）

彩鹬

说起彩鹬，最令人印象深刻的莫过于它们性别“反串”式的相貌和繁殖方式了。

彩鹬的长相独特，容易辨识，但凡见过均会给人留下深刻的印象。雌性相较于雄性颜色更加艳丽，更加漂亮，体形也大一些。雌鸟头和胸呈深栗色，头顶有一条黄色纹，背部及两翼偏绿色，背上有明显的黄色“V”形纹，眼周围有一黄白色或黄色眼圈，并向后延伸形成一短柄，使得眼部酷似鸳鸯雌鸟。雄性较雌性体形小，色暗，具有较多杂斑，外形较为朴实。

每年的四至七月是彩鹬的繁殖期，彩鹬在繁殖时为“一妻多夫制”。平时安安静静的彩鹬雌鸟会像其他种类的雄鸟一样，通过歌唱来吸引雄鸟。彩鹬每窝卵以四枚为主。产卵后孵化工作由鸟爸爸和鸟妈妈交替进行，但是到中后期以鸟爸爸为主，鸟爸爸的孵化时间占孵化时长的70%。彩鹬是早成雏，也就是说鸟宝宝孵出后就有绒毛并且可以出去觅食了。但是彩鹬爸爸会一直跟随，当感到外界危险时，彩鹬爸爸会张开翅膀保护宝宝们。所以有人戏称：“世上只有妈妈好，彩鹬只有爸爸好。”

彩鹬性情胆小，对一点点风吹草动都十分警觉，它们一般躲藏在植被中，因此想发现它们并不容易。当感到有危险时，它们会蛰伏不动，迫不得已时才会飞走，而且通常会边飞边大叫，飞行一段距离后又落入草丛中。彩鹬也有自己的防御方法，当有其他鸟靠近时，它会向上展开翅膀，使自己看上去体形硕大，鸟儿看到这样的庞然大物不觉一惊，自然就不会打扰了。

彩鹬喜欢单独或者成小群在水塘、沼泽等植被覆盖较好的湿地中活动，喜欢吃小鱼、小虾、小蟹和植物的嫩叶、芽、种子。它们喜欢在清晨、傍晚或者夜间出来活动，一双大大的眼睛很适合在光线较暗的环境下寻找食物。彩鹬在中国分布范围较广，但是并不常见，由于赖以生存的湿地被不断开垦，加上环境污染和狩猎等因素，它们的数量一直在下降。2000年，彩鹬被列为我国的“三有”保护动物，私自捕捉、贩卖均属于违法行为。

彩鹬只能在生态环境优良、食物充沛的地方生存，所以它们可以作为环境指示生物。近年来，公众的生态保护意识不断增强，各项保护生态环境的措施也不断出台、实施，相信在不久的将来，彩鹬可以出现在更多的地方，让更多的人欣赏到它们美丽的身影。

极危物种——黄胸鹀

黄胸鹀小档案

中文名称：黄胸鹀

中文俗名：黄胆、禾花雀、黄肚囊、黄豆瓣、麦黄雀、老铁背、金鹀、白肩鹀

学名：*Emberiza aureola*

英文名称：Yellow-breasted Bunting

科学分类：雀形目鹀科鹀属

分布范围：繁殖于西伯利亚地区和中国东北；越冬于中国东南沿海、南亚及东南亚地区

分布生境：栖息于平原的灌木丛、苇丛、农田等低矮植物区

浙江观测点：分布稀少、零散

IUCN保护级别：极危（CR）

黄胸鹀

黄胸鹀（wú）这个名字也许听起来有些陌生，但说起它的俗名“禾花雀”你可能就熟悉多了。它是一种小型鸟类，体长14—16厘米，体重不足30克，比麻雀稍稍大些；胸部金黄色的羽毛是其重要的识别特征，由此它也被称为黄胆、黄肚囊、黄豆瓣、金鹀。黄胸鹀的雄鸟与雌鸟的羽色有较大的差异，并且会随着季节更替而变化。在繁殖期，雄鸟的颜色较为艳丽，头顶和颈背呈栗色，脸和喉为黑色，像一个黑脸大汉；黄色的领环与胸腹间隔有栗色的胸带，犹如项圈，翅膀肩部有显著的白色横纹。而在非繁殖期，雄鸟体色要淡一些，下巴和喉咙处呈黄色，仅耳羽为黑色并且具有白斑，“项圈”也会褪色。相比于雄鸟，雌鸟的羽色要低调许多，与亚成鸟相似——头顶呈浅沙色，脸颊有深色的纹路。在繁殖期，孵卵和育雏由鸟爸爸、鸟妈妈共同承担，孵化两周左右，鸟宝宝就破壳而出了。

黄胸鹀在中国东北和俄罗斯西伯利亚地区繁殖，在中国东南沿海、南亚和东南亚地区越冬，每年春秋两季迁徙期间都会经过我国大部分地区。在繁殖期间常单独或成对活动，非繁殖期则喜成群活动，特别是到了迁徙期和冬季，会汇成数百至数千只的大群。它们的食物随季节变化而变化，繁殖季节主要以昆虫为食，也吃部分植物性食物；迁徙期间则主要以稻谷、高粱、麦粒等农作物为食，也吃部分草子和植物的果实与种子。

我第一次见到黄胸鹀是2019年五一假期去南昌旅游，一天下午与朋友在江西农业大学农场地里观鸟时无意中发现的。当时天色渐暗，一位同行者有事需要离开，于是我们准备原路返回，我在队伍后面走着，无意间一瞥发现了黄胸鹀，我简直不敢相信自己的眼睛，拿好望远镜看清楚之后，才喊了同行的伙伴一起观察，大家都十分激动，看着那只雄鸟站在农田上的杆子上，左右摆动着脑袋。兴奋之余，我也趁此机会拿出相机拍下了照片，早闻这个季节江西农业大学有黄胸鹀，没想到真真切切地看到了！

大家这么激动是因为黄胸鹀现在数量稀少，是极危物种之一，需要极好的运气才能看到。“极危”标志着这一物种在野外灭绝的概率非常高。然而，黄胸鹀的保护级别从“低危”到“极危”只有短短13年。有专业论文指出，黄胸鹀数量自1980年以来减少了近90%，甚至已经消失在东欧、日本及俄罗斯的大多数地区。

在北方，黄胸鹀因其美丽的外表和悦耳的歌喉广受欢迎，成为笼中把玩的鸟儿；而在南方，它们却因民间流传的能壮筋骨、补肾壮阳，是“天上人参”这一错误说法，成为人们的腹中美食。目前，黄胸鹀的人工繁殖尚未实现，所有市场上交易的鸟儿都是非法在野外捕捉得到的。不法分子为了利益非法诱捕、贩卖、运输黄胸鹀的案例屡见不鲜，加上它们赖以生存的农田数量减少、湿地面积减缩，以及农药大规模的使用，黄胸鹀几乎遭遇了灭顶之灾。

与黄胸鹀有着相似命运的旅鸽因为肉质鲜美而遭到人类大肆捕杀，本来数量达数十亿的旅鸽在半个多世纪的屠杀中灭绝殆

尽。黄胸鹀也正经历着旅鸽曾经的遭遇，但是我希望黄胸鹀不会成为下一个旅鸽。希望它们不再被囚于牢笼，被困于鸟网，出现于餐桌，而能自由自在地畅游于天地间。让人开心的是，国家的野生动物保护力度在不断加大，人们的保护意识也在不断增强，黄胸鹀的境遇已经出现了一定程度的好转，相信在未来，不单单是黄胸鹀，其他鸟儿们的生存状况也会不断好转。

芦苇丛中的小精灵——震旦鸦雀

震旦鸦雀小档案

中文名称：震旦鸦雀
学名：*Paradoxornis heudei*
英文名称：Reed Parrotbill
科学分类：雀形目莺鹛科鸦雀属
分布范围：*P.h.polivanovi*亚种分布于西伯利亚，蒙古及中国内蒙古、黑龙江及辽宁芦苇地；*P.h.heudei*亚种分布于黄河沿岸及长江流域的江苏、江西和浙江等地。近年来在渤海湾沿岸和华北平原地区有越来越多的发现记录
分布生境：结小群栖于芦苇地
浙江观测点：沿海芦苇荡
IUCN保护级别：近危（NT）

作为一个观鸟爱好者，我的心中有一个执念，便是希望见上震旦鸦雀一次。为什么这么说呢？因为震旦鸦雀很难见。震旦鸦雀有“鸟中熊猫”的称号，大熊猫大家都知道，它是中国的特有物种，是极其珍稀的动物，震旦鸦雀同样是我国特有的珍稀鸟种。它的名字非常中国化，古印度称华夏大地为“震旦”，而这种鸟的第一个标本（模式标本）采集地在中国南京，所以被定名为震旦鸦雀。目前，震旦鸦雀种群数量尚未知晓，估计可能在持续下降中，能在野外见到它可以说是非常难得。

那这传说中的震旦鸦雀究竟长什么样呢？震旦鸦雀的头部为灰色，虹膜为红褐色，眼睛边镶了一圈狭窄的白色眼圈，两道黑色的眉纹从眼睛上方一直延伸到后颈，最特别的是它们黄色的钩状嘴，与鹦鹉特别相似。它的头顶、脖子、背部都是灰色的，背部还有黑色纵纹，肩膀处呈现浓黄褐色，颜色与铁锈有点相近，真的是可爱极了。

震旦鸦雀还有一个比较有趣的特点就是它粉黄色的脚爪，它们常常会用粉黄色的爪子牢牢地抓住芦苇秆，像一个个手拿钢枪的战士立于枝头观望，因此，震旦鸦雀也被大家称为“芦苇丛中的小精灵”。一旦发现有虫子，它们就会像啄木鸟一样用坚硬的喙敲打芦苇秆，发出清脆的响声，把藏在芦苇皮里的虫子揪出来吃掉。为了觅食，它们常常会在芦苇秆之间跳来跳去，有趣的是，如果它一不小心跳到了芦苇的最上端，而芦苇上端很细，承受不了它的体重，芦苇就会被压倒在地上，震旦鸦雀会再次跳

震旦鸦雀

起，跃到别的芦苇上觅食。有时它们也会使点“小坏”，偷吃蜘蛛网上的虫子，不劳而获。

还有一个有趣的现象是，震旦鸦雀的巢总是筑在距离地面1.3—1.7米的地方，为什么会建在这个高度呢？原因大概有三：一是这个距离可以防水淹，因为涨水一般不会超过这个警戒线；二是这个高度是芦苇叶子最密集处，好遮掩，易隐蔽，能防天敌；三是这个高度在芦苇的最适中处，太高为芦苇的末梢处，风吹来，芦苇易折，此处兼顾了稳固。真是一群可爱又机智的小精灵呀！

如此可爱的鸟为何数量如此之少呢？除了适合它们栖息的芦苇沼泽地面积减小，栖息地质量下降外，震旦鸦雀因可爱而闻名，却也因可爱而丧命。早期，人们缺少保护动物的意识，觉得震旦鸦雀长得好看便肆意抓回家养，悲剧便发生在这群可怜的小动物身上，它们的数量逐日减少，近乎灭绝。不要让贪念蒙蔽了我们的双眼，让我们学会换位思考，一起守护这些天空中的精灵，守护这个有各式各样生物和谐生存的美丽星球。

珍贵的小半仙——黄嘴白鹭

黄嘴白鹭小档案

中文名称：黄嘴白鹭
中文俗名：唐白鹭、白老
学名：*Egretta eulophotes*
英文名称：Chinese Egret，Swinhoe's Egret
科学分类：鹈形目鹭科白鹭属
分布范围：主要繁殖于朝鲜西部沿海岛屿及中国东部、辽东半岛部分岛屿。越冬主要在菲律宾，极少至婆罗洲及马来半岛。在中国主要分布于河北、山西、内蒙古、辽宁、吉林、上海、江苏、浙江、福建、山东、广东、广西、海南等
分布生境：栖息于沿海岛屿、海岸、海湾、河口及沿海附近的江河、湖泊、水塘、溪流、水稻田和沼泽地带
浙江观测点：温岭、瑞安、文成、洞头、乐清、杭州湾、台州湾等沿海地区
IUCN保护级别：易危（VU）

黄嘴白鹭是白鹭属的一种水鸟，它与其他白鹭属亲戚最明显的区别就在于嘴黄，脚黑绿，脚趾黄。它的个头不大，身体颀长，体形纤细，繁殖期脸部裸露皮肤变成蓝色，头部有别致的白色冠羽，胸前、背部有长长的蓑羽。一双修长而骨节分明的大长腿配上亮黄色的眼睛，使得它活像一位一身洁白的小仙女，随便拗个造型都别有韵味。

现在全球范围内的黄嘴白鹭有3800—15000只，中国沿海地区是其重要的繁殖地。黄嘴白鹭属于候鸟，随着季节的变化四处奔波。从四月迁到繁殖地伊始，它们便已经开始为新一轮南迁做好各种准备，例如繁殖后代、囤积脂肪等，当秋天到来时，黄嘴白鹭们便成群结队浩浩荡荡地飞往印度尼西亚、菲律宾等东南亚国家越冬，来年春天再返回北方，周而复始。

黄嘴白鹭与它的亲戚白鹭、大白鹭等相处甚密，常混群共域繁殖。在野外观鸟，通常会发现一群白鹭，而很少意识到，黄嘴白鹭就混在群中，等到回家细细看照片时才可能发现它们的存在。

每年五至七月是繁殖期，黄嘴白鹭的各种行为可谓是妙趣横生。一般成年雄鹭都有属于自己的领域，这个领域神圣不可侵犯，就连雌鹭光顾搭讪，雄鹭也会机警地伸展起它的冠羽、蓑羽和胸羽进行威吓，在其他炫耀羽毛的鸟类中显得十分独特。这时，雌鹭必须耐心等待。当雄鹭收起蓑羽，表示同意雌鹭停留在其领域的边缘时，它们之间的恋情才算拉开序幕。双

黄嘴白鹭

方起初默默对视，嘴喙相碰，然后双双起飞，在空中长时间地比翼翱翔。待飞回落到枝头或岩石上后，它们互相追逐，有时也会相对翩翩起舞，以此来表示彼此的爱慕和信任。可见，黄嘴白鹭对求偶这件人生大事是谨慎而认真的。雌鹭产卵后，雌雄鸟要轮班看守鸟蛋，绝不允许其他鸟类进入自己的领地，共同守卫着它们的家庭。

黄嘴白鹭那身洁白高雅的羽毛及独特的蓑羽也为它们带来了灾难。为了用这些羽毛制作贵重的装饰品和服饰，人类的猎杀行为日益猖獗，再加上栖息环境被破坏，导致黄嘴白鹭的种群数量一度急剧下降，至今未能恢复。在浙江，黄嘴白鹭主要分布在宁波、舟山、台州、温州等沿海地带，当地的鸟类保护机构也在研究并宣传这种国家Ⅱ级保护动物，期望人们改变肆意猎杀动物、漠视生态的观念，一同守护这些美丽的水鸟。

黑面天使
——黑脸琵鹭

黑脸琵鹭小档案

中文名称：黑脸琵鹭
中文俗称：饭匙鸟、琵琶嘴鹭
学名：*Platalea minor*
英文名称：Black-faced Spoonbill
科学分类：鹈形目鹮科琵鹭属
分布范围：主要繁殖于中国东北、朝鲜、韩国沿海地区。冬季南迁至上海、浙江、福建、广东、广西、香港、海南及台湾等地
分布生境：栖息于河口、沿海滩涂、潮间带、沿海芦苇沼泽地带和海岛
浙江观测点：偶见于浙江沿海
IUCN保护级别：濒危（EN）

如丝如练的阳光下，碧波荡漾的水面上，黑脸琵鹭洁白无瑕的羽翼轻缓地上下拍动，它们仿佛披上了一层淡淡的朦胧金纱，尽显高贵优雅。有着扁平状酷似琵琶的嘴的黑脸琵鹭，凭着其优雅的仪态，博得了“黑面天使”的美称。除去黑色的脸庞与脚外，非繁殖期的黑脸琵鹭全身上下的羽毛纯白如雪。若是到了繁殖期，它们脑袋后面便长出了嫩黄色的纤长羽毛，像是去哪儿做了一个时尚发型。同时，它们脖子下方的羽毛也会变成橘黄色，似是戴上了一个颈圈，好生气派。

黑脸琵鹭生性谨慎沉着，总是拒人于千里之外，鲜有人能接近它们。但令人意外的是，它们却喜爱生活在一个大家庭中，往往结队活动。而且，大多数情况下它们与小白鹭、白琵鹭、白鹮等涉禽混居。

平淡、悠闲是它们生活的主旋律。海边的潮间带、红树林、咸淡水交汇的虾塘等地都是它们经常散步的场所。累了，就停下小憩片刻；饿了，便埋头觅食一番。黑脸琵鹭的觅食方式十分有趣，它们在浅水处将长长的嘴插进水中，嘴半张着，一边缓缓前进，一边慢慢地左右摇晃脑袋，通过敏感的触觉来感知水中的食物。每当有了感觉，它们即刻将嘴闭上，把嘴提出水面，这时嘴里往往有了小鱼、小虾或是小蟹。然而它们最美的时刻却不是在地上踱步时，而是展翅之时。飞行时，黑脸琵鹭的脖子和腿越发显得修长，翅膀的拍打缓慢而有节奏，远远望去，气质出众，仿佛是天边飞来的仙子。

黑脸琵鹭

黑脸琵鹭让人羡慕的不仅仅是它们闲逸的生活，还有雌鸟与雄鸟之间亲密无间的情感。每年的五至七月是它们的繁殖期，这时候往往是两至三对黑脸琵鹭一起筑巢，为了保证鸟宝宝的顺利出生，鸟巢一般筑在水边的悬崖或水中的小岛上。筑巢时间在一周左右，其间，雌鸟、雄鸟一边筑巢一边相互亲热，不禁让人艳羡。经过约三十五天的孵化，鸟宝宝便从带有浅色斑点的白色鸟卵中出来。而后鸟爸爸、鸟妈妈捕捉贝类、小鱼、小虾等喂食雏鸟。一个月后，雏鸟即能离巢初飞。

唯一美中不足的是，黑脸琵鹭的数量十分稀少，而且分布区也极为狭窄，是全球最濒危的鸟类之一。在浙江，幸运者或许能在沿海地区偶遇它。虽然近年来黑脸琵鹭的数量有所上升，但仍处于濒危状态，希望随着环境的改善，这群黑脸天使能更多地出现在我们的视野中。

白色嬉皮士
——卷羽鹈鹕

卷羽鹈鹕小档案

中文名称：卷羽鹈鹕

中文俗名：塘鹅

学名：*Pelecanus crispus*

英文名称：Dalmatian Pelican

科学分类：鹈形目鹈鹕科鹈鹕属

分布范围：欧洲东南部、非洲北部及亚洲东部。中国见于北方地区，冬季迁至南方，少量个体定期在香港越冬。

分布生境：栖息于内陆湖泊、江河与沼泽，以及沿海地带等。在中国，卷羽鹈鹕季节性分布于闽江河口湿地一带。

浙江观测点：偶见于浙江沿海

IUCN保护级别：近危（NT）

如果说水鸟中外形最霸气的是嘴下部生有一个可以自由伸缩的大喉囊的鹈鹕（tì hú），那么鹈鹕中最霸气的非卷羽鹈鹕莫属。卷羽鹈鹕是鹈鹕中体形最大的一种，成年卷羽鹈鹕体长可达1.6—1.8米，双翅展开可超过3米，是会飞行的鸟类中不折不扣的庞然大物。卷羽鹈鹕的头部与枕部的羽毛明显卷曲，乱糟糟地堆叠在一起，像一位略显滑稽的嬉皮士，它的名字也由此而来。它们全身的羽毛一般为银灰色，下颌上与嘴等长且能伸缩的喉囊在繁殖季节会变为耀眼的橘红色。

卷羽鹈鹕个头虽大，性格却不孤僻。它们喜欢群居，喜欢集体活动。一只卷羽鹈鹕的出现已足够使其他生物惊叹，而当一群卷羽鹈鹕聚集在一起，整片水域似乎都成了它们的领地，场面可谓壮观。这群巨鸟常聚在一起游泳捕食，一起晒太阳，一起在陆地上弯着S形的脖子走路，一起展现其优美的飞行姿势，那长而鲜艳的下颌使得它们整个群体看起来格外整齐与霸气。捕食时，卷羽鹈鹕会突然张开“血盆大口”，将喙深深探入水中，借助嘴、喉囊猛抄起一舀水，然后侧过袋囊滤去水后吞食其中的猎物。它们通常三五只或更多个体成群觅食，通过群体合作，将深水中的鱼群驱赶至浅滩，再大肆围捕。食物充沛时它们并不会急于将猎物全部吞入腹中，而是会鼓起它们的“红色大袋子”，在喉囊中储存一段时间再享用。

也许你要问，这么笨重的大鸟怎么飞得起来呢？事实上作为一种会迁徙的鸟，卷羽鹈鹕可是飞行的好手，它能以超过四十千米每

卷羽鹈鹕

小时的速度飞行。在起飞的过程中，它们首先会快速扇动翅膀，双脚在水中不断划动和蹬踏，在巨大的推力作用下，逐渐加速并升空。飞行时它们的头部向后缩，颈部自然弯曲靠在背上，撑开有力的双翅，姿势如同鹭科鸟类一样优雅从容。

卷羽鹈鹕不仅有一个团结的社群，它们夫妻间也十分恩爱。卷羽鹈鹕配对后多会相伴终身，并一起承担哺育雏鸟的责任。刚出壳的小鹈鹕体色灰黑，不久就生出一身浅浅的白绒毛。亲鸟以半消化的鱼肉喂养雏鸟，等雏鸟长大后，便会主动把头伸进亲鸟张开的嘴巴里，从喉囊里啄食小鱼。

东亚种群的卷羽鹈鹕在蒙古国繁殖，当地的牧民非常迷信用鹈鹕嘴做的马刷能让马儿变得健壮，这使得黑市上鹈鹕嘴的价格一路飙升。在暴利驱使下，盗猎行为频发。在卷羽鹈鹕迁徙到南方过冬的旅途中，湿地的枯竭与卷羽鹈鹕对生境的挑剔使得它们丧失了许多宝贵的中途停歇地。国际水鸟与湿地研究局调查统计，卷羽鹈鹕的东亚种群总量已不足100只。2016年，浙江的一些湿地如杭州湾、温州湾，等地迎来了总共80多只卷羽鹈鹕，这事引起了不小的轰动。这些湿地保护较好，水域鱼类资源丰富，是卷羽鹈鹕理想的栖息地。如此看来，想要留住这些“傻大个”，需要我们每个人的努力，保护好每一片宝贵的湿地。

神秘来客
——海南鳽

海南鳽小档案

中文名称：海南鳽
中文俗名：海南夜鳽、海南虎斑鳽、白耳夜鹭等
学名：*Gorsachius magnificus*
英文名称：White-eared Night heron
科学分类：鹈形目鹭科夜鳽属
分布范围：国内在陕西和长江以南各省区有零星记录，国外见于越南
分布生境：栖息于热带、亚热带森林附近的小河溪流等邻近水源的地方
浙江观测点：杭州市淳安县千岛湖、临安区天目山
IUCN保护级别：濒危（EN）

海南鳽（jiān），性情古怪，常在夜间活动，数量稀少，是全球公认的濒危物种。要想亲眼见到自然状态下的海南鳽非常难，不管哪个观鸟人若见到都必然会大呼一声“幸运”。说它们性情古怪，是因为海南鳽虽然和鹭一样属于涉禽，身体大小也相似，甚至同样爱缩起脖子蹲在树上，却在生活习性上与之大相径庭。我们知道，不论是夜鹭还是小白鹭，大多喜欢聚集在一起生活，繁殖季节相约住在临近的树上，从早到晚都能听到它们像邻居之间互拉家常般的鸣叫。同属鹭科的海南鳽则完全不同，它们沉默不爱说话，总是离群索居、昼伏夜出。它们脖子长腿短，胖胖的身体总体呈黑褐色，泛着绿色的金属光泽，上面带着少数白色斑点。小巧的脑袋上长着黑豆一样机灵的眼睛，总是警惕地四处张望，眼角的白色条纹一直延伸到头顶。长长的脖子正面近乎白色，两侧和下部中间为棕色，两侧呈黑色，再往下是白白的肚子，有着褐色斑纹。

天一擦黑，海南鳽就裹着一身黑褐色、缀着“珍珠”的羽毛大麾，披着夜色出门，乘着安静的夜风来到河滩、水塘，寻找可口的鱼虾、贝类或是昆虫，直到把肚子填饱才会打道回府。

繁殖季节，海南鳽会挑选一处临近水源、安全幽静的树来修筑家园。建筑材料就是它在附近搜集的枝条，完成的鸟巢像个盘子，和鹭的巢很像。海南鳽在处理家庭关系上倒是秉承了它们一贯特立独行的风格，能不多说一句话绝不多说一句话，夫妻之间感情再深厚，也很少同行。或许是因为“距离产生美”“一切尽在不言中”，重视私人空间的海南鳽夫妇倒也和睦得很。雏鸟的

海南鳽

出壳为这个家庭带来了短暂的喧闹，因为鸟宝宝为了存活，会放开嗓子努力乞食。但是这种热闹并不会持续太久，随着雏鸟慢慢长大，它们也会像父母一样沉默下来，成长为密林里来无影去无踪的神秘独行侠。

由于海南鳽的作息时间与人类相差实在太大，它们与我们的相遇多半出于意外，少有的几次也大都是以被救助者的身份亮相，其中不乏被人为伤害，令人心疼。踪迹难觅的海南鳽一度传说已灭绝，在相当一段时间内人们对它的了解甚少。不过，随着对海南鳽研究的深入，它的神秘面纱正在被逐渐揭开，人们对其生活、繁殖都有了较为完整详细的记录。在浙江，千岛湖等地有稳定而健康的海南鳽种群。海南鳽很怕生，在繁殖季尤其警惕，如果偶遇这位沉默的神秘来客，请保持尊重，保持距离。

鸟中活化石
——中华秋沙鸭

中华秋沙鸭小档案

中文名称：中华秋沙鸭
中文俗名：鳞胁秋沙鸭
学名：*Mergus squamatus*
英文名称：Scaly-sided Merganser
科学分类：雁形目鸭科秋沙鸭属
分布范围：分布于中国、日本、韩国、朝鲜、缅甸、泰国。中国大陆主要在黑龙江、吉林、河北、长江以南等地有分布
分布生境：栖息于阔叶林或针阔混交林的溪流、河谷、草间、水塘及草地，出没于林区内的湍急河流，有时在开阔湖泊
浙江观测点：冬季偶见于开阔的溪流、河滩、水库
IUCN 保护级别：濒危（EN）

听到“中华秋沙鸭”这个名字，或许大多数人会认为不就是一种鸭子吗，能有什么特别的！其实不然，秋沙鸭和普通的野鸭还是有很大差异的。中华秋沙鸭的头上仿佛喷了两斤啫喱水，使其头顶几根稀疏的毛根根呈直立的状态，可惜的是不够浓密，要不然就是标准的“莫西干”发型，现在只沦为了乡村“杀马特”。普通鸭子的嘴比较扁平，方便获取水中的水草、螺蛳、水生昆虫等食物，而秋沙鸭的嘴窄而长，尖端带钩，这一特点方便它们潜水捕鱼。而正是由于需要潜水，中华秋沙鸭的吃水线较深，身体大部分在水面下。普通鸭子的吃水线较浅，大部分身体在水面上，当它们要捕食水面下的食物时只能“倒栽葱”，将屁股朝天，把头伸入水里。这样的场景相信很多人都见过。正所谓“人不可貌相”，鸭亦如此，中华秋沙鸭可是鸟类中的“明星”，它是第三纪冰川期后残存下来的物种，忍受了极度严寒，克服了种种困难，顽强地生存下来。中华秋沙鸭为国家Ⅰ级保护动物，是与大熊猫、滇金丝猴齐名的国宝。据统计，中华秋沙鸭全球数量在3600—6800只间，中国的繁殖种群预计不超过500对。

与大多数野鸭一样，中华秋沙鸭的雌鸟和雄鸟的外貌差异也十分显著。雌性中华秋沙鸭的头部是棕褐色的，橘红色的嘴巴与其他鸭类不同，不是扁扁的而是尖窄纤细的，鼻孔也不在两侧，而是位于嘴锋的中间，身体两侧有灰色的鳞状斑纹。雄鸭的头部和脖子的上半部是黑色的，仔细辨认，还有绿色金属色的反光，下背部、腰和尾部的羽毛都是白色的，体侧鳞纹则是黑色的。

中华秋沙鸭

说到雄鸭和雌鸭，便不得不提一下中华秋沙鸭的一个有趣的繁殖习惯。交配过后雄鸭就会离开，所以在育雏时节，一般是看不到雄鸭的，孵蛋和抚育后代的重担都落到了雌鸭的身上，在孵蛋期间，雌鸭还要每天两次从树洞中飞出去捕食，自行填饱肚子，着实令人惊讶。

中华秋沙鸭虽然长得像家禽，但它的身手可不差。不要看中华秋沙鸭样子笨笨的，实际上它们的飞行能力相当了得，为了避免猎食者的袭击，它们通常会将巢穴安置在至少10米高的树上，而且会选择在水边的树木上筑巢。这样一旦发觉有危险临近，它们便可以第一时间飞到水里躲避危险。

除了不俗的飞行能力以外，中华秋沙鸭的猎食能力也不容小觑。中华秋沙鸭善于游泳和潜水，在水中的速度非常快，在捕鱼方面是一把好手，只要是在条件合适的地方，中华秋沙鸭总是不缺鱼吃。

中华秋沙鸭已经在地球上生存繁衍了一千多万年，比人类的历史还要久远很多，然而人类对其的了解还很少。幸好从2014年开始，全国观鸟组织联合行动平台（简称朱雀会）组织了跨地区、跨部门的大规模的中华秋沙鸭越冬调查，积累了关于物种本身及其生存环境的大量数据，推动了地方保护政策和保护小区的建立。同时，朱雀会也开展了大量宣教活动，使该物种逐渐走进公众视野。

希望这个在华夏大地上已经生存繁衍了上千万年的物种能够继续生存繁衍下去。

水边的小挖掘机
——勺嘴鹬

勺嘴鹬小档案

中文名称：勺嘴鹬
中文俗名：名琵嘴鹬，匙嘴鹬
学名：*Calidris pygmaea*
英文名称：Spoon-billed Sandpiper
科学分类：鸻形目鹬科勺嘴鹬属
分布范围：孟加拉国、印度、日本、朝鲜、韩国、马来西亚、缅甸、俄罗斯、斯里兰卡、泰国、越南，在中国分布于上海、福州、广东、海南岛、香港、台湾等地
分布生境：繁殖期主要栖息于北极海岸冻原沼泽、草地和湖泊、溪流、水塘等水域岸边，非繁殖期主要栖息于海岸与河口地区的浅滩与泥地上，或海岸附近的水体边上，不深入到内陆水域
浙江观测点：偶见
IUCN保护级别：极危（CR）

尽管勺嘴鹬在浙江出现的次数屈指可数，但是，如果我们在水边的滩涂上见到以下一幕：一只鸟儿低垂着小小的脑袋，拥有令人印象深刻的勺子形小嘴巴，并且时不时地将嘴探入水中，那就几乎可以肯定，映入我们眼帘的就是“小勺子”——勺嘴鹬了。

小勺子的身体比较小巧，体长14—16厘米。它们的头顶、脖子的后部及额头为栗红色，夹杂有黑褐色的纵纹，杂乱中带着一丝俏皮。它们的背部特色鲜明，羽毛中部呈黑色，但羽毛的边缘是栗色的，因此背部整体呈栗色，上面兼具整齐的黑斑。下胸呈淡栗色，点缀着星星点点的褐色纵纹及斑点，腹部则洁白如雪，好似无瑕白玉。尾部中央的羽毛呈黑色，两边的羽毛为淡灰色。

既然被叫作“小勺子”，勺嘴鹬最具特色，也是其最重要的辨识特征自然就是它们那稍长、顶端呈扁平状像小勺子的嘴巴了，这也是它们捕食的利器哦。

勺嘴鹬喜好单独出行，经常出没于浅水处以及一些较为松软的淤泥地上。它们在行走时十分有意思，总是低着头前进，就像一位优秀的扫雷兵，两眼从不离地。它们还经常一边走，一边将小嘴没入水中或淤泥里。不仅如此，它们的嘴还会不安分地在水中或泥里左右不停地来回扫动，连转弯时也没有将嘴从水中抽取出来的想法。不得不令人惊叹它们高超的捕食技艺，它们的嘴就像挖掘机，当嘴里有了食物的时候，它们才会将嘴提出水面或淤泥，怡然自得地品尝自己的战利品。有时候，勺嘴鹬也会在地面

勺嘴鹬

上蹦跶，这时候它们往往都是直接啄食。

勺嘴鹬不仅外貌与觅食方式别具一格，其繁殖状况也与普通的鸻鹬类鸟不一样。它们繁殖于西伯利亚东北部海岸冻原地带。繁殖期在每年的六至七月，这期间它们选择将鸟巢搭建在冻原沼泽、湖泊边或海岸苔原与草地上，尤其喜欢将巢筑在淡水塘边的苔藓草地上。鸟爸爸、鸟妈妈将苔藓、枯草等东西垫在挖好的圆形坑里，勺嘴鹬宝宝未来的摇篮就建成了。

勺嘴鹬目前正面临着严峻的考验，种群数量每年都在减少，2005年全球仅余不到400对。而据IUCN（世界自然联盟）的数据，目前该种群数量为120—228对成熟个体，相当于总计360—684只个体。研究认为，它们的数量急降的主要原因是繁育地生态环境以及迁飞过程中中转站被破坏。例如在它们繁育地内，狐狸会捕猎幼鸟，人类和猎狗也会对繁殖种群造成极大干扰。

作为一种数量仅剩数百只的极危物种，这些年勺嘴鹬的情况已经获得人们的重视，国内和国际已制定和实施了一些保护勺嘴鹬的具体项目和计划。希望通过保护行动，勺嘴鹬的数量能逐渐增加；希望这些可爱的“小勺子”能更多地出现在我们的视野中。

神话之鸟
——中华凤头燕鸥

中华凤头燕鸥小档案

中文名称：中华凤头燕鸥

中文俗名：神话鸟，黑嘴端凤头燕鸥

学名：*Thalasseus bernsteini*

英文名称：Chinese Crested Tern

科学分类：鸻形目鸥科凤头燕鸥属

分布范围：分布于中国、印度尼西亚、韩国、马来西亚、菲律宾和泰国。在中国，繁殖地为福建马祖列岛、浙江舟山韭山列岛及五峙山列岛，迁徙、越冬于广东、福建

分布生境：主要栖息于海岸岛屿上

浙江观测点：舟山韭山列岛、五峙山列岛

IUCN保护级别：极危（CR）

中华凤头燕鸥在全球仅存百余只，是人们口中的神话之鸟，也是中国最为珍稀的鸟类之一，在2000年以前一度被认为已经灭绝。

看到“凤头”二字，你会想到什么？是想到了中华古代传说中的五彩凤凰吗？虽然中华凤头燕鸥可能与你的想象大不相同，但这位“鸟中大熊猫”并不会令你失望，它可是名副其实的有一副大熊猫般的黑白配色的身子。炯炯有神的双眼下一张尖尖的嘴是黄色的，端部却是黑色的，好像急匆匆吃完饭还来不及擦嘴似的。下体为白色，上体呈灰白色，可以同与之体型相似的大凤头燕鸥区分。同其他鸥科鸟类一样，中华凤头燕鸥体形匀称修长，飞翔时修长的双翅展开，凌空遨游，神气十足，一旦落回地面，则露出圆滚滚的白色肚子，憨态可掬，形象呆萌。最吸引人的是它们长长的黑色冠羽，令人想起诸葛亮的“羽扇”，看起来颇为儒雅。

中华凤头燕鸥活跃在海边，以海洋上层鱼类为食。每年的五至八月是它们的繁殖期。稀少的中华凤头燕鸥往往藏身于大凤头燕鸥鸟群内，在无人居住的海岛繁殖。如果要进行观察和保护，这无疑是最佳时机。可因为两种鸟类的体态和颜色相近，叫声嘈杂，鸟儿也不会静止不动，要在鸟群中观察它们着实不易，更何况一群燕鸥中也未必有那么一只中华凤头燕鸥。观鸟人的体力也并非无穷无尽，长时间集中精神辨认总叫人头昏脑涨，“找不同”往往以失败告终。

中华凤头燕鸥

一同被海风带到海岛上的还有它们祖传的求偶舞。舞蹈时，“恋人”一起伸长脖子，由雄鸟围绕雌鸟起舞。为了赢得芳心，雄鸟有时还会向雌鸟献上自己“亲口”捕捉的小鱼。不过这些优雅的舞蹈家显然并没有出色的建筑本领。它们的窝毫无温馨可言，只是一些临时刨出的沙坑。尽管条件简陋，中华凤头燕鸥给予子女的关爱却是一分不少。除非孵化失败，否则一对中华凤头燕鸥父母在一次繁殖期内会产一枚蛋。而作为它们这一年唯一的孩子，这枚蛋会得到父母长达二十多天的轮流孵化照料——中华凤头燕鸥的孵化期比很多鸟类都要长。令人担忧的是，或许是因为数量过于稀少，而大凤头燕鸥与其繁殖期、繁殖地重合，研究者们已经发现中华凤头燕鸥与大凤头燕鸥出现了杂交现象，这很可能是“神话之鸟”繁殖面临的一大威胁。

其实“神话之鸟”并非一个好头衔，因为这个名字正代表了中华凤头燕鸥之珍稀。滥采鸟蛋、物种入侵、海洋污染正直接而持续地危害着这些小生命，加之捕捞、采贝等人类活动的间接影响，要增加中华凤头燕鸥的数量困难重重。多年以来，鸟类学家们、鸟类保护者们在这些生活水平落后的岛屿上往返甚至长期生活，以中华凤头燕鸥“监护人”的身份，为它们撑起了飞翔的天空，付出了巨大的努力。他们有过多少次绝望，他们有过多少次喜极而泣，他们如何忍受寂寞得像白开水一样的岛屿生活，鸟儿和护鸟者们在这当中历经的困难或许令人难以想象。鼓舞人心的是，这些付出是有成效的。2018年，中华凤头燕鸥数量首超百只。但是要让“神话之鸟”不再成为“神话”，让其他鸟类朋友们不至于变成“神话”，仍需要所有人的共同努力。

我们相信一切都在渐渐变好。

附中华凤头燕鸥的保护之路：

自2000年在马祖列岛被重新发现以来，中华凤头燕鸥的保护已经走过了漫长而艰辛的路程。

2004年，鸟类学家历经一年、跨越3000多座岛屿艰难搜寻，最终在舟山群岛最南端的韭山列岛发现20只成鸟；

2007年，韭山列岛的中华凤头燕鸥夫妇们遭遇偷蛋事件，从此放弃了这片繁殖地；

2008年，鸟类保护者在舟山五峙山列岛发现中华凤头燕鸥幼鸟踪迹，这也是首次在浙江观察到这些鸟儿繁殖成功；

2013年，韭山列岛国家级自然保护区联合浙江自然博物馆、美国俄勒冈州立大学启动了中华凤头燕鸥监测与招引项目，这也是中国首个人工引导干预鸟类选择繁殖地的试验；

2013年，中华凤头燕鸥终于重返韭山列岛；

2018年，全球中华凤头燕鸥数量突破100只；

2019年，鸟类保护者在韭山列岛观察到70只成鸟，22只雏鸟，这是几年来最多的一次。

第三章

山林鸟类——林中住客

身边的小伙伴
——麻雀

麻雀小档案

中文名称：麻雀
中文俗名：树麻雀、家雀等
学名：*Passer montanus*
英文名称：Eurasian Tree Sparrow
科学分类：雀形目雀科麻雀属
分布范围：广泛分布于中国全境及欧亚大陆
分布生境：栖息在人类居住环境，无论山地、平原、农田、丘陵、草原，还是城镇和乡村
浙江观测点：全境可见
IUCN保护级别：低危（LC）

说起生活中最为常见的鸟，麻雀可谓当仁不让。无论是喧闹的城市，还是安静的农村，我们总能看见麻雀在电线杆上叽叽喳喳吵吵闹闹，或是在地上蹦蹦跳跳啄食。不过严格来讲，麻雀其实是一类鸟的统称，我们平常见到的麻雀也叫“树麻雀”，这一名称是为了与山麻雀等其他麻雀相区分。

当我们近距离仔细观察一只麻雀时，会发现其最明显的特点其两侧脸颊上各有一块黑色的斑块，在白白的脸颊上显得十分明显。除此之外，麻雀背部为棕色，并且有着深深浅浅的羽毛斑纹，脖子一圈呈白色，肚子也是白色的，在地上它习惯用双脚跳跃前进，这些憨态可掬的特征就构成了我们常见的树麻雀了。

麻雀作为一种与人类伴生的鸟类，习惯于在居民点附近栖息，相应地，和大部分鸟类相比，麻雀显得更加亲近人，也不太怕生。麻雀是一种集群鸟类，我们往往能看见一大群麻雀哗啦飞过，在电线上停了一溜，或是满树的麻雀被突然惊起飞向远处。有时甚至能看见百来只麻雀一齐掠过头顶，这样的场面也是十分壮观的。麻雀爱吃禾本科植物的果实，只要有谷粒的地方，往往能看见一群麻雀在地上蹦跶着翻捡谷粒吃，同时，麻雀也会以田间昆虫为食。

麻雀吃谷子这一食性，曾为其招来灭顶之灾。20世纪50年代，麻雀因偷吃庄稼被认定为“四害”之一，成千上万的麻雀遭到人们的大肆捕杀、毒杀，麻雀数量急剧下降，部分地区甚至一度见不到麻雀的身影。受此影响，生态平衡被破坏的农田也遭受

麻雀

了严重的虫害。直到60年代初麻雀被“平反”，被从“四害”中除名，其种群数量才逐渐恢复。

而今，麻雀属于“三有”保护动物，捕杀麻雀会受到法律的制裁。尽管麻雀种群数量较大，但其仍然受到威胁。曾经在北美东部广泛分布，种群数量达到五十亿，甚至比麻雀还多的旅鸽就是在人类的滥捕滥杀下从地球上彻底消失了。自然是充满力量的，但也是脆弱的。只有提高大家的爱鸟、护鸟的意识，敬畏、尊重生命，麻雀才不会步旅鸽的后尘。

空中舞者
——白头鹎

白头鹎小档案

中文名称：白头鹎
中文俗名：白头婆、白头翁
学名：*Pycnonotus sinensis*
英文名称：Light-vented Bulbul
科学分类：雀形目鹎科鹎属
分布范围：分布于中国、朝鲜、韩国、老挝、泰国、越南
分布生境：栖息于低山丘陵和平原地的灌丛，也见于针叶林里的灌丛、草地、果园、村落等
浙江观测点：全境可见
保护级别：低危（LC）

如果你生活在南方城市，最常见到的鸟儿可能就是白头鹎（bēi）了。这种鸟儿生性活泼好奇，胆大好动，常常结成小群在树丛间嬉戏跳跃，好不欢快。它们并不怎么害怕人，在公园和路边的绿化植株上也能自在生活。适应了城市生活的白头鹎，给钢筋水泥塑成的城市增添了别样的生气。正因如此，人们亲切地称白头鹎、麻雀与暗绿绣眼鸟为“城市三宝”。

白头鹎的样子朴实无华。它们较麻雀略大，比一支铅笔稍稍长些。它们的肚子是灰白色的，而背和翅膀是灰绿色的，常常带着灰暗的橄榄绿色，嘴和脚都是黑色的。白头鹎最独特的便是它后脑勺上那一撮白毛了。这撮白色的羽毛从两眼上方延伸到后脑，在白头鹎那黑色的小脑袋上显得分外惹眼。幼年的白头鹎头上的白羽不明显，而随着年龄增加，头上的白羽越来越明显，越来越多，看着真像个白发苍苍的老翁啊！这也就是白头鹎的俗名“白头翁”的来源了。

尽管白头鹎长得不算艳丽，但它们有一副好歌喉。白头鹎的歌声婉转多变，活泼明媚。尤其是到了繁殖季节，常常有成双成对的白头鹎在枝头或树顶高声鸣叫、一唱一和。经常是一只唱罢，另一只便飞来，接着唱几句，然后突然“扑棱棱”一起飞走，没入林中不见了，只留下几抹和煦的春日阳光。春日清晨，明亮却不刺眼的阳光穿过含苞欲放的玉兰树亭亭的枝条，而玉兰树顶有几只白头鹎正在放声歌唱——这便是我印象中春日最美的景致了。

白头鹎

配对成功的白头鹎会开辟繁殖领地，在树丛或灌木林上筑巢养育鸟宝宝。白头鹎的繁殖期是四至八月，巢呈杯状或碗状，是用枯草、树叶、细树枝等材料做成的。每窝产卵三至五枚，卵只有约2厘米长，比拇指还小，一般是粉红色中带深色斑点。雌鸟、雄鸟会共同育雏，一同辛勤哺育小鸟。一般两个星期后小鸟便破壳而出了，之后经过雄鸟和雌鸟大约两个星期的喂养，小鸟便能够出巢了。在白头鹎繁殖季节，我们经常会看到白头鹎、乌鸫等幼鸟落在地上，如果小鸟没有受伤，我们应该立即离开，不要影响鸟爸爸、鸟妈妈回来照顾幼鸟；如果确认小鸟受伤，在没有照顾能力的时候，我们也应该遵从自然淘汰法则，不要惊扰幼鸟，加深伤害；如果收养了鸟儿，则一定要细心照顾，等小鸟恢复之后带回原地或合适的环境放生。

白头鹎是杂食性鸟类，昆虫在其食谱中占有重要比例。特别是养育小鸟时，白头鹎父母会捕捉大量昆虫，对保护农林作物帮助非常大。不过，它们有时也会偷偷啄食果园的果实。白头鹎因为歌声动听，数量也较多，因此多被笼养。正如人类渴望自由一样，我们也应该尊重鸟儿在蓝天下自由生活的权利。

值得一提的是，近年来，白头鹎种群扩散明显，宁夏、辽宁、吉林向海、青海西宁等地都有新的分布记录，而且在北京、河北、辽宁等地都有稳定的繁殖和越冬种群，白头鹎成为当地的留鸟。

带珍珠项链的鸽子
——珠颈斑鸠

珠颈斑鸠小档案

中文名称：珠颈斑鸠
中文俗名：鸪雕、中斑、花脖斑鸠、珍珠鸠、斑甲等
学名：*Spilopelia chinensis*
英文名称：Spotted Dove
科学分类：鸽形目鸠鸽科珠颈斑鸠属
分布范围：广布东南亚地区，在中国分布于华中、西南、华南、华东、海南、台湾等地
分布生境：常栖息于城市、村庄及其周围的开阔原野和林地
浙江观测点：全境可见
IUCN保护级别：低危（LC）

不论居住在城市还是乡村，相信你或多或少都听过“咕咕咕”的叫声，慵懒中带着几分调皮，为某个百无聊赖的午后增添了一丝生气。在踏入观鸟圈前，我一直以为这声音的主人是小时候课本上介绍的布谷鸟，然而当我有一次透过望远镜，亲眼看到一只珠颈斑鸠，听到它吐出那一连串熟悉的叫声时，我才恍然大悟，原来自己十几年来都被这“野鸽子”蒙在了“咕”里。

虽然成语“鸠占鹊巢”的“鸠”是“斑鸠”的“鸠”，但是占鹊巢的可不是斑鸠，而是布谷鸟。

鸽形目鸠鸽科是鸠与鸽的集合体。如果你对鸽子并不陌生，那么对鸠就很好理解了。作为亲戚，它们从外形轮廓到叫声都非常类似，简单概括就一个字一咕！而珠颈斑鸠便是鸽形目鸠鸽科中最最常见的。

记得第一次见到珠颈斑鸠并被告知名字时，我便不由自主地脱口而出：“多么形象贴切的名字啊！”要说珠颈斑鸠全身上下最显眼的地方，莫过于它的“围脖”了！它后颈上突兀地贴着一大块黑斑，形如颈枕，无数白点好似珍珠细碎地撒在其间，黑白分明，非常醒目。当它张开扇形的尾羽起飞时，你能清楚地发现白色的外圈从中断开，而这正是区分它与近亲山斑鸠的方法之一——后者的白圈是完整的。

与同属的其他斑鸠一样，珠颈斑鸠更喜欢单独或成对出现，但它们性情更加大胆奔放一些。并不畏人的珠颈斑鸠时常现身于电线、阳台、屋顶等处，一边懒洋洋地晒着太阳，一边梳理蓬松

珠颈斑鸠

的羽毛，还时不时从喉咙深处冒出几声标志性的“咕咕咕”。或许珠颈斑鸠主要以植物种子特别是农作物种子为食，因而在与人类长期接触之后便渐渐敢于时常出现在我们的视野中了吧。

浙江的珠颈斑鸠一般三至九月繁殖，也有人认为斑鸠一年四季都可以繁殖。到了繁殖季节，一夫一妻制的亲鸟就会开始为繁衍后代而忙碌。首先它们会用细枝杈粗暴地堆叠起一个简陋的窝，地点可能出乎你的意料——除了常规选择，将树作为“住宅区”，胆大的夫妇还会在山边岩石缝隙，甚至在花盆、空调外机这些地方筑巢！更有甚者，会施展“鸠占鹊巢”大法，直接入住其他鸟类的旧屋。虽然住宿条件极其简陋，一旦雌鸟产卵，那么新婚夫妇便会竭尽全力抚育下一代，为期一个月，纵使风吹雨打亦不为所动！值得一提的是，除日常觅食外，亲鸟的嗉囊腺还会分泌出一种富含蛋白质的物质——“鸽乳”来喂养幼鸟，这一点简直跟哺乳动物如出一辙！因此，若你有幸见到珠颈斑鸠的巢，记得千万不要去打扰这对呕心沥血的父母哦！

穿梭在城市里的“愤怒小鸟”——鹊鸲

鹊鸲小档案

中文名称：鹊鸲

中文俗名：猪屎渣、四喜

学名：*Copsychus saularis*

英文名称：Oriental Magpie-Robin

科学分类：雀形目鹟科鹊鸲属

分布范围：分布于印度、巴基斯坦、尼泊尔、锡金、不丹、孟加拉国、缅甸、越南、泰国、老挝、柬埔寨、斯里兰卡、马来西亚、菲律宾和印度尼西亚等南亚和东南亚地区。在中国广泛分布于长江流域及其以南地区，南至海南岛、广东、香港、广西、福建，北至陕西、河南、山东、山西和甘肃东南部，西至四川、贵州、云南等地。

分布生境：主要栖息于海拔2000米以下的低山、丘陵和山脚平原地带的次生林、竹林、林缘疏林灌丛和小块丛林等开阔地方，尤其是村寨和居民点附近的小块丛林、灌丛、果园以及耕地、路边和房前屋后树林与竹林

浙江观测点：全境可见

IUCN保护级别：低危（LC）

对于中国南方的居民来说，鹊鸲（qú）是一种再常见不过的鸟类。它们的适应性首屈一指，可以适应任何一种环境，在林地、草地、农田、溪谷、山区都能看见鹊鸲活动。鹊鸲是典型的东洋界（北起秦岭、淮河一线，南到印尼的爪哇，东至菲律宾，西至巴基斯坦，是人口密集的区域）鸟类，但鹊鸲对于人类的存在并不在意，它很好地适应了城市和村庄的生境，在某些城市里，它是最常见的鸟种之一。

鹊鸲体长约21厘米，嘴形粗壮而直，雄鸟上体大都呈黑色，翅上有白斑，下体前黑后白，雌鸟的上体则为灰色或褐色。外形与喜鹊有点类似，但是体形比喜鹊小多了。喜鹊的肩羽和两翼尖端为白色，其余部分为蓝黑；鹊鸲则两翼基部靠近肩羽的位置有一白条，两翼尖端是黑色的，尾羽黑白相间。当两翼收拢时，喜鹊翅膀上的白色区域比鹊鸲宽。

然而这长得不错的小鸟居然有一个俗名叫“猪屎渣”，这来自鹊鸲的食性。鹊鸲是食虫鸟类，几乎不吃任何植物，对于各种昆虫却来者不拒。适应了人类活动的它们也产生了新的觅食方式：鹊鸲会在新翻的耕地上面寻觅昆虫，也会在粪坑、厕所、猪圈、垃圾堆附近活动，捡食其中滋生的苍蝇和蝇蛆，这就是它的俗名的由来。

鹊鸲没有迁徙性，终年居留在栖息地，通常单个或成对活动，这种鸟性情活泼，善于鸣叫，鸣叫时尾羽常向上翘起，因此在中国内地有“四喜儿”之称。鹊鸲不仅善鸣，而且相当好斗，

鹊鸲

每到繁殖季节，雄鸟就会居于高处放声高歌，但叫声会引来雌鸟，也会带来竞争对手，这个时候两只雄鸟就会为争夺配偶打得不可开交，有时甚至持续数小时之久。好在小小的鹊鸲战斗力弱，很少有伤筋动骨的情况发生。孵化和育雏期间的鹊鸲护巢性很强，十分勇敢，不仅攻击接近鸟巢的其他鹊鸲，还攻击接近鸟巢的松鼠等小兽，直到将它撵走。曾有新闻报道说，因为有人干扰鹊鸲孵蛋，鹊鸲担心被人类侵占领地，于是每次有人经过它就一个俯冲啄人，它还经常往玻璃窗上拉屎。没想到鹊鸲小小的身体里竟有这样的“洪荒之力”，像不像现实版的“愤怒的小鸟”？

鹊鸲善鸣，活泼好动，适应性强等特性也使得它们常被人们作为笼养的观赏鸟，其与人类亲密程度可以说是数一数二了。不知道你平时有没有接触过它们，只要留心观察，你会发现，我们的身边处处是鹊鸲的影子。

音韵多变百舌鸟——乌鸫

乌鸫小档案

中文名称：乌鸫
中文俗名：百舌、反舌、黑鸫
学名：*Turdus mandarinus*
英文名称：Chinese Blackbird
科学分类：雀形目鸫科鸫属
分布范围：分布于中国南部、西南及中南半岛东北部，近年快速北扩到河北、北京一带，并成为当地常见鸟种之一
分布生境：栖息于各种不同类型的森林中，尤其喜欢栖息在林区外围、农田旁疏林、果园和村镇边缘等。
浙江观测点：全境可见
保护级别：低危（LC）

全身黑不溜秋，名字也带一个“乌”字，但它可不是乌鸦！确实，乌鸫（dōng）黑得和乌鸦不分伯仲。雄性的乌鸫除了眼圈和喙是明黄色外，身上其他部分全是深深的黑色。而雌性及幼小的乌鸫眼圈处黄色不明显，身上的羽毛和喙则都是深褐色。不过相比于乌鸦，乌鸫的体形小了不少，它们体长21—29厘米，也没有鸦科鸟类那有力的大嘴，只有一张弯弯的尖嘴。不同于生性霸道的杂食性的乌鸦，乌鸫胆小眼尖，黑黝黝的小眼睛总是警惕地关注着周围环境。乌鸫喜欢静静地在树叶中、草地上翻找蚯蚓、蠕虫和小昆虫。它们也吃一些草籽、果实等植物性食物。

虽然长得不起眼，但乌鸫的歌喉十分惊艳。它们的歌声婉转动听，又善于模仿其他鸟鸣声，有“百舌”“反舌”的美名。古往今来，人们都对乌鸫的歌声赞不绝口。唐代刘禹锡有诗云：“笙簧百啭音韵多，黄鹂吞声燕无语。”（《百舌吟》）王维则赞道：“入春解作千般语，拂曙能先百鸟啼。”（《听百舌鸟》）不过亲眼见过乌鸫调皮的姿态后，恐怕我们很难将这些赞美与那些黑色的小精灵联系起来。野外的乌鸫总是瞪着一双黑豆般的小眼，即使与人距离三五米也不慌不忙，只是机警地抬头张望，一旦觉得事态不妙，便会迈开小腿跑上几步拉开距离，之后又恢复那好奇的样子张望，实在是可爱极了。

每到三、四月份，乌鸫便开始筑巢繁殖。乌鸫的巢一般筑在乔木的枝头，或是树木的主干分杈处，离地约3米。它们用枯草、枝条、松针等材料造出杯状的巢，之后在其中产下四至六枚

乌鸫

淡蓝灰色的卵，卵上有褐色斑点。一般主要由雌鸟坐巢孵化，孵化期约两周。雏鸟破壳后，雌雄双亲会捉来蚯蚓、毛毛虫等食物共同抚育雏鸟。半个月后，雏鸟便可以离巢了，离巢后的小乌鸫还不具备完全的飞行能力和觅食能力，双亲需抚育并训练其飞行一段时间。

乌鸫主要捕食昆虫，可以吃掉许多危害树木的昆虫及其幼虫，对林业和农业生产有很大的帮助。但由于乌鸫拥有美妙的歌喉，民间一直有捕捉乌鸫笼养的行为。20世纪80年代前，乌鸫常常成为捕猎的目标，种群数量一度减少。幸而如今乌鸫的数量已经得到恢复。只有自由地生活在蓝天下，鸟儿才能无拘无束地放声歌唱。希望每一只小鸟的生命都能得到尊重，让更多飞羽精灵能自由自在地翱翔在蓝天下。

树林间的滑翔高手
——红嘴蓝鹊

红嘴蓝鹊小档案

中文名称：红嘴蓝鹊
中文俗名：赤尾山鹊、长尾山鹊、长山鹊等
学名：*Urocissa erythroryncha*
英文名称： Red-billed Blue Magpie
科学分类：雀形目鸦科蓝鹊属
分布范围：分布于孟加拉国、柬埔寨、印度、老挝、缅甸、尼泊尔、泰国、越南，在中国分布于华北、华南、华中、长江三角洲及辽宁、江西、四川、贵州、云南、陕西、甘肃、宁夏、福建等地
分布生境：主要栖息于山区常绿阔叶林、针叶林等不同类型的森林中，以及竹林、林缘疏林，从山脚平原、低山丘陵到3500米左右的高原山地
浙江观测点：全境可见
IUCN保护级别：低危（LC）

漫步于山林间，或许在不经意间，你的眼前就会闪过一架上部蓝紫、下部雪白的“滑翔机”。屏住呼吸跟上去，也许你会发现“滑翔机”正高傲地立在枝头……

没错，你碰到的十有八九是红嘴蓝鹊。都说它们体态优美，仪态端庄，那这鸟儿到底容颜几何？橙红的嘴与脚，蓝紫色体背，纯白色下体，黑色的头部至胸部，这是它给我们的第一印象。颀长的尾羽表面呈淡淡的蓝紫色，末端呈白色，次级飞羽（生在鸟类两翼尺骨上，能够为飞行提供升力的羽毛）具有白色的端斑和黑色的次端斑，层次分明，朴素又不失华贵。红嘴蓝鹊的尾巴超过半个身体的长度，因此又有长尾蓝鹊之称。

如果仅凭其端庄俊美的外表就认为它的性格文静，那你可就大错特错了。作为活跃在林间枝头的活宝，活泼与嘈杂似乎更符合它们的日常生活。作为鸦科的一员，它们的叫声十分尖锐、刺耳，类似“zha——zha”声，而且喜欢群栖，经常成对或三五成群活动。红嘴蓝鹊喜爱在枝间“上蹿下跳”或是平直滑翔。无论它们是从山上滑行到山下，从树上滑翔到树下，还是从这棵树滑至另一棵树，不变的是它们优美的身姿：两翅向外平伸，尾羽展开，脚尽可能地内缩。仰视其形，大有披荆斩棘之威；俯视其态，似有乘风破浪之势。有意思的是，红嘴蓝鹊却是一个胆小鬼，若受到惊吓，它们总是不停地鼓动双翼逃窜，而这一过程中它们一改滑翔时体现出来的轻松与优雅，反而显得吃力且惊慌失措。

红嘴蓝鹊

在形容红嘴蓝鹊的词语中，或许还要加上“杂食”与“凶悍”两个词。虽然它们主要以昆虫等动物性食物为食，但也吃一些植物果实、种子，偶尔也吃玉米、小麦等农作物。红嘴蓝鹊的繁殖期在每年的五月至七月，它们营巢于树木的侧枝或高大的竹林上，若是你能找到，就会发现它们的巢仿佛一只碗静置于枝杈上。巢的外层通常为枯草、藤条等材料，内垫以细草茎与须根。红嘴蓝鹊每窝产卵三至六枚，呈土黄色或淡褐色，带有紫色或红褐色斑点。其间，雌雄亲鸟轮流孵卵，而它们的性情也变得异常凶狠，尤其是有人靠近其巢区时，它们保护鸟巢的欲望越发强烈，往往会飞舞不止并发出尖锐啼叫，甚至伴有攻击性行为，其悍勇的性格也由此可见一斑。

作为重要的观赏鸟之一，红嘴蓝鹊艳丽的羽色与易于饲养的杂食食性使得它深受人们喜爱，不仅动物园里时常展出，个人也多有饲养。我们极力反对笼养野鸟，但如果您或您身边的朋友在饲养红嘴蓝鹊，希望您提醒他们科学喂养，照料这些给予我们美的视觉体验的鸟儿。需要注意的是，红嘴蓝鹊的尾羽甚长，因此不适于在小型观赏竹笼内饲养，一定要给它一个比较大的笼舍哦！

观鸟者镜头中的宠儿 ——红头长尾山雀

红头长尾山雀小档案

中文名称：红头长尾山雀
中文俗名：小老虎、红宝宝儿、小熊猫等
学名：*Aegithalos concinnus*
英文名称：Black-throated Bushtit
科学分类：雀形目长尾山雀科长尾山雀属
分布范围：分布于印度、中国及东南亚。在中国主要分布于西藏、云南和长江流域，往南到广西、广东、福建、香港和台湾，北达陕西南部、河南南部和甘肃，东至江苏沿海等中国整个南部地区。
分布生境：栖息于山地森林和灌木林间
浙江观测点：全境可见
IUCN保护级别：低危（LC）

观鸟如面人，或俊朗，或猥琐，或犀利，或呆萌，气质不一，姿态万千。而在观赏过的众鸟之中，我以为最能担得上“呆萌”二字的非长尾山雀莫属。其中最为常见的乃红头长尾山雀与银喉长尾山雀两兄弟，怎奈篇幅有限，便先介绍前者吧。

小红是真正意义上的小鸟，全长约10厘米的体形仅为麻雀的三分之二。小巧玲珑的它活泼好动且色彩艳丽，辨识度极高，如果你在枝叶间捕捉到它的身影，便能很轻易地将其辨认出。且看小红的容貌：红头黑脸、金眼黑仁，喉部中央有一大块毛茸茸的黑斑，栗红色的长条胸带别在身前，这完美结合的红白黑三色，再配上那圆溜溜的小眼睛，难怪有人送外号“小老虎”了。

除了模样可爱有趣，红头长尾山雀的日常行为也充满了萌味。它们喜好群居，常叽叽喳喳地玩闹不停，在枝头上蹿下跳，在花间轻歌曼舞，好不逍遥自在！平日它们主要以昆虫为食，但在春花烂漫的时节，红头长尾山雀们便多了一个习惯——食花蜜。为了舔得花尖那一抹甘甜，小红也是发扬敢打敢拼的精神，在空中施展浑身解数：有仰头旋飞的，有倒挂金钩的，有半空悬停的……又因为在枝头觅食时，它们总是会有片刻的“挂机”瞬间，而这呆呆的样子总是会被镜头记录下来，所以红头长尾山雀也成了摄鸟人情有独钟的鸟类之一。

每年二至八月是红头长尾山雀的繁殖期。届时新婚夫妻将合力编织它们的新房——一个由苔藓、细草、鸡毛和蜘蛛网等材料

红头长尾山雀

构成的椭圆形鸟巢。巢口多开在近顶端的一侧，有时运气好它们甚至还能捡到锦鸡毛做房檐！等小鸟长到半大，你将发现它已初具父母的模样，只不过红色的部分尚未完成“染色”，因此顶着两个黑黑的大眼圈的它，也有“小熊猫”的昵称。

别看红头长尾山雀娇小柔弱，它小小的身体却能发挥出巨大的作用。因为它们种群数量较大，又主要以昆虫为食，红头长尾山雀在植物保护方面具有重大意义，该物种已被列入中国国家林业局2000年8月1日发布的《国家保护的有益的或者有重要经济、科学研究价值的陆生野生动物名录》，相信成为“三有”保护鸟类后，一定会有更多欢乐的红头长尾山雀在枝头舞动吧。

白颊“张飞鸟”——白鹡鸰

白鹡鸰小档案

中文名称：白鹡鸰
中文俗名：白颤儿、白面鸟、点水雀等
学名：*Motacilla alba*
英文名称：White Wagtail
科学分类：雀形目鹡鸰科鹡鸰属
分布范围：广布亚欧大陆及非洲北部，在中国分布极为广泛
分布生境：多分布在水域及离水较近的耕地附近，草地、荒地、路边
浙江观测点：全境可见
IUCN保护级别：低危（LC）

如果要在所有鸟类中评选出最活泼灵巧的一种，你会选择哪一种呢？也许有人会选择麻雀，因为它们遍地都是，叽叽喳喳叫个不停；也许有人会选择柳莺，因为它们歌喉婉转，而且总是在枝头蹦蹦跳跳。但是，如果让我选择的话，我一定会将这一票投给白鹡（jí）鸰（líng），因为它的活泼灵巧是其他鸟儿都无法比的。

白鹡鸰活泼好动，一刻不停，性子急躁如张飞，也因其黑白配色状似舞台上张飞的脸谱，所以在江浙部分地区它也被称为“张飞鸟”。鲁迅先生在《从百草园到三味书屋》一文里记述雪地抓雀的场景时就提到白鹡鸰：“……也有白颊的‘张飞鸟’，性子很躁……”

还记得刚开始观鸟时，白鹡鸰是为数不多的让我能够记住的鸟。它体形小巧，体长只有十几厘米，而且身上的羽毛呈黑白两色，脸颊白白的，难怪有白面鸟这一趣称，胸前的一块“黑领带”格外亮眼，辨认起来并不困难。记得第一次发现它时，它正站在湖边的一块草坪上，小小的眼睛警惕地观察着四周，身后的尾羽像跷跷板一样一上一下地摆动着，过了一会儿，它又开始移动，这时我发现它并不像其他鸟类一样一蹦一跳地前进，而是像一个娇滴滴的小姑娘，局促地挪动着它的脚步，远远地望去仿佛是平行地向前滑动，十分有趣。

不仅走路姿势别具一格，白鹡鸰在飞行的时候也与其他鸟类不一样。如果你留心观察，就会发现空中的鸟儿大多是呈直线飞

白鹡鸰

行的，然而有那么一两只鸟飞起来却呈波浪形，它们忽高忽低，像是喝醉了一样，同时发出一声婉转清脆的鸣叫。这些像波浪线一样飞行的鸟便是白鹡鸰。当一群鸟儿从空中飞过时，你也许并不能准确辨认它们中的所有类别，但是白鹡鸰一定是可以分辨出来的！

从那时起，我便对白鹡鸰这种小鸟产生了浓厚的兴趣，观察它走路和飞翔的姿势成了我外出观鸟的乐趣之一。白鹡鸰是比较常见的，在水滨地带经常能发现它们的身影，它们喜欢单独活动或者三五只成一小群活动，或在地上漫步，或安静地栖于岩石上并摆动着它的尾羽。需要提醒的是，白鹡鸰有一点怕人，当你靠得太近时，它很可能扑腾一下翅膀飞走，并发出“jilin——jilin——”的叫声，所以当我们在观赏它时也要与它保持安全的距离，不能惊扰了它们的生活。

每年四至七月，白鹡鸰便进入了繁殖期，在河岸的岩石缝隙、土坎、灌丛中都可能藏匿着它们的小窝。鸟蛋或者小雏鸟安然地躺在鸟妈妈为它们搭建的小窝中，所以当我们在这些地带游玩时，要分外小心，不能破坏它们的巢穴。

白鹡鸰是国家“三有”保护动物，所以捕捉它们是万万不可的，但是在浙北的冰天雪地里观雀，倒是一件乐事。

勇者无畏
——棕背伯劳

棕背伯劳小档案

中文名称：棕背伯劳

中文俗名：黄伯劳、桂来姆

学名：*Lanius schach*

英文名称：Long-tailed Shrike

科学分类：雀形目伯劳科伯劳属

分布范围：广布于长江流域及其南部地区

分布生境：栖息于低山丘陵和山脚平原地区，夏季可到海拔2000米左右的中山次生阔叶林和混交林的林缘地带，有时也到园林、农田、村宅河流附近活动

浙江观测点：全境可见

IUCN保护级别：低危（LC）

如果你看见有只棕背伯劳停在电线杆上，或是停在高高的木杆上，用它锐利的眼睛向四周张望时，不妨耐心等一等，也许就能看见棕背伯劳如同离弦的箭一般急速掠过田野，叼起一只蚱蜢，成功地解决了当日的午餐。

的确，在众多我们平日常见的鸟类中，棕背伯劳是出了名的捕食能手。以昆虫、小鸟、蜥蜴等动物为主食的棕背伯劳性情凶猛，能力超群，甚至能掠杀体形比自己更大的鸟类（如鹧鸪等），相对于其他一些以模样可爱、色彩艳丽而闻名的鸟类，棕背伯劳颇具猛禽的气质。细细观察就能发现，和其他鸟类平滑细直的喙不同，棕背伯劳的喙十分尖锐，略向下弯，如同鹰嘴一般，这正是棕背伯劳的得力武器，可以帮助它快速捕杀猎物，也是它肉食性的有力证明。

除了钩嘴以外，棕背伯劳还有许多明显的特点：首先，棕背伯劳有着伯劳类的专属标志——黑色眼罩，即棕背伯劳的眼先、眼周和耳羽呈黑色，仿佛戴上了黑色眼罩，这是辨别伯劳类的重要特点。另外，鸟如其名，棕背伯劳的背是棕红色的，尾部也是棕红色的，头顶则是银灰色的，翅膀和尾羽是黑色的，煞是好看。棕背伯劳长长的尾羽也是其十分显眼的特征，尾羽长度与躯干长度差不多相等。

棕背伯劳有一个有趣的习性——挂尸，即捕猎后将蜥蜴、老鼠等猎物钉在树枝上，然后一点点撕扯猎物，分成小块后食用。之所以这么做，一是因为它没有嗉囊无法储存食物，二是它的腿

棕背伯劳

部肌肉不发达，没法像猛禽那样用腿和爪子处理猎物。同时，挂尸行为也能帮助棕背伯劳在繁殖期吸引异性，划分领地，向其他棕背伯劳宣称："这一块地盘是我的！生人勿进！"如果有其他棕背伯劳误入了领地，棕背伯劳就会驱赶入侵者。但是，棕背伯劳的记性似乎不太好，常常会忘记自己挂起来的食物，因此，我们有时可以看见树枝上挂着干枯的小老鼠等却无鸟来啄食，这很可能就是棕背伯劳遗漏掉的食物。

棕背伯劳是尽责父母的代表，会共同抚育幼鸟。每年四五月份是棕背伯劳的繁殖期，在四月下旬，棕背伯劳会在高高的树枝或者灌木上的巢中生下四五枚蛋，妈妈负责孵蛋，爸爸负责警戒和捕食。在小鸟离巢、能够自己活动后，父母仍不放心，它们会在觅食区域附近停留一两个月才离开。

秋日使者
——北红尾鸲

北红尾鸲小档案

中文名称：北红尾鸲
中文俗名：红尾溜、火燕
学名：*Phoenicurus auroreus*
英文名称：Daurian Redstart
科学分类：雀形目鹟科红尾鸲属
分布范围：印度、老挝、中国、朝鲜等
分布生境：栖息于山地、森林、河谷、林缘和居民点附近的灌丛与低矮树丛中
浙江观测点：全境可见
IUCN保护级别：低危（LC）

北红尾鸲（qú）这个名字初闻会让人有点陌生，甚至读起来有点绕口，应该怎么断句？实际上，“红尾鸲”是一类鸟的统称，“北”字则冠以名称。不过，北红尾鸲却是一种相当常见的鸟类，在浙江全境均有分布。尽管不像麻雀那样随处可见，但你若在公路或者村落附近散步，则常常能见到它们的身影，其出镜频率也算相当高了。

倘若你发现了一只北红尾鸲，想必你一定会惊叹于它的艳丽：北红尾鸲雄鸟有着十分鲜艳的橙色腹部和腰部（背面两翅之间），橙色一直延伸到尾巴尖儿，这一点十分夺人眼球。除了头顶是灰色以外，其他部位如背部、喉咙均为黑色，仿佛黑色的绸带。最重要的一点是雄性北红尾鸲的翅膀上有两块十分显眼的白色斑块。与雄鸟相比，雌鸟的腹部变成了棕黄色，仅仅尾巴内侧为橙红色，也没有雄鸟那么鲜艳，但你依然能清晰地找到翅膀上的白色斑块。在浙江只要是翅膀上有白斑的红尾鸲，那就一定是北红尾鸲啦。

北红尾鸲是冬候鸟，夏天很难发现它的踪影，我们见到的更多的是其冬天披着非繁殖羽的样子。另外，北红尾鸲是一种食虫鸟，食物大部分都是农作物害虫，所以它们也是农民伯伯的一大帮手。北红尾鸲会长时间地停留在电线上或者视野开阔的枝头上，观察附近昆虫的动静，一旦发现有昆虫，旋即迅速捕食，这也使得北红尾鸲成为一种很容易被发现的鸟，便于我们观察。北红尾鸲叫声短促清脆，“叽叽”的声音也能帮助我们迅速地发现

北红尾鸲

北红尾鸲的位置。但北红尾鸲胆子很小，一有风吹草动，或感觉到有人靠近，它们就会迅速逃离。

北红尾鸲是较早到达浙江越冬的林鸟之一，每当听到北红尾鸲在窗外的树枝上鸣叫，我都会不由自主地拉紧衣服，它的到来意味着真正的秋天已经来了，要开始为接下来这漫长的冬季做好准备了。

在观鸟初期，我们大多数时候只能辨识出一些常见的鸟儿，被观鸟者戏称为“菜鸟”，在这个过程中，北红尾鸲以其鲜艳的外形成了众“菜鸟”眼中名副其实的“颜值担当”。加之北红尾鸲有“抖尾巴”的习性，它停落在树枝上休息时总是不停地上下摆动自己的尾巴，配上呆萌的表情，显得憨态可掬又让人心生喜爱，总惹得大家不禁放慢了脚步，不厌其烦地举起望远镜，细细端详着这可爱的精灵。北红尾鸲的倩影为丰富的大自然增添了一抹色彩。

花间精灵
——暗绿绣眼鸟

暗绿绣眼鸟小档案

中文名称：暗绿绣眼鸟
中文俗名：日本绣眼鸟、绣眼儿、粉眼儿、白眼儿、白目眶、粉燕儿
学名：*Zosterops japonicus*
英文名称：Japanese White-eye
科学分类：雀形目绣眼鸟科绣眼鸟属
分布范围：中国、日本、缅甸及越南北部
分布生境：栖息于阔叶林和以阔叶林为主的针阔叶混交林、竹林、果园，以及城镇、村寨边高大的树上
浙江观测点：全境可见
IUCN保护级别：低危（LC）

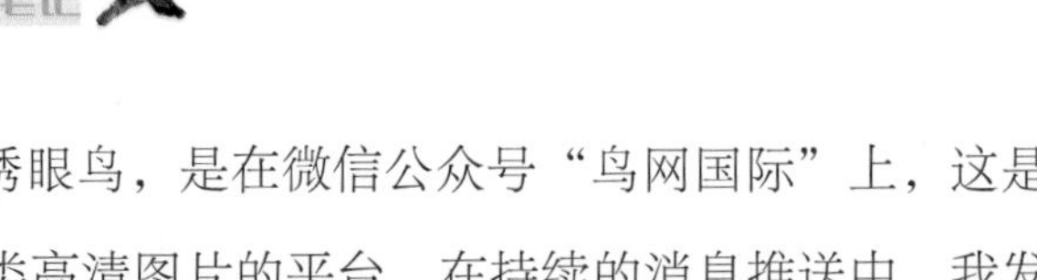

我初识暗绿绣眼鸟，是在微信公众号“鸟网国际”上，这是一个每天推送鸟类高清图片的平台，在持续的消息推送中，我发现这种小鸟出镜的次数还挺多的！它们总是出现在花丛中，小小的身形在花中姿势各异，或是啄花，或是倒挂在花枝上，白白的眼圈尤其显眼，仿佛在提醒我“绣眼”的含义。

第一次亲眼看到这种小鸟是在2018年参加厦门大学暑期观鸟营的时候。一日傍晚，一位营友指着正从树间掠过的小鸟对我说那是暗绿绣眼鸟，那时光线较暗，我没看清楚，但是它娇小灵活的身姿给我留下了深刻印象。过了几日，在一次校园早起寻鸟中，我终于看到了它可爱的模样：白色的眼圈十分明显，头背都是黄绿色，肚子灰白色，嘴和脚都是黑色，这样的颜色搭配接近树枝树叶，使得它们在枝头不容易被发现，10厘米左右的小个头在枝头叶间跳动，灵活调皮，是一个个“ 小机灵鬼”，我拿着望远镜随着鸟儿的移动不断调整才勉强看得清楚。

绣眼鸟的白眼圈实在是太惹人注意了！因此它们在民间也被称为“白眼儿”“白目眶”等。国内有三种绣眼鸟：暗绿绣眼鸟、灰腹绣眼鸟和红胁绣眼鸟。灰腹绣眼鸟主要分布在西南地区，红胁绣眼鸟在浙江是冬候鸟，极为罕见。暗绿绣眼鸟最常见，主要分布在中国华东、华中、西南、华南、东南等地区，它们在浙江是留鸟，一年四季都可以看到它们的身影，近些年在杭州市内的暗绿绣眼鸟数量也越来越多。

虽然人们叫它花间精灵，但是暗绿绣眼鸟不仅仅只吃花蜜，

暗绿绣眼鸟

它们的食谱很广，仿佛什么都要尝一下。春天它们频繁地在花间出没，其实可能是在抓依托花蜜生活的虫子。暗绿绣眼鸟主要食物有昆虫、蜘蛛、植物种子，它们也喜欢用呈刷子状的舌尖舔食花蜜和花粉，但是它们尤其偏爱软甜的果实。因为身材细小，可以自由进出果农搭建的防护网，得以饱尝人们种植的水果，是小小的“采果大盗”。

暗绿绣眼鸟不仅小巧可爱，而且歌声婉转动听，与百灵、画眉、靛颏（歌鸲）并称为四大鸣鸟，又因饲养相对容易，成为常见的笼养鸟儿之一。虽然很多地方有捕猎、饲养野生绣眼鸟的习惯，但是和百灵、画眉、靛颏一样，我国的三种绣眼鸟早在2000年便被列入了“三有”名录中，任何私人捕捉、买卖和饲养都是违法行为。我在网上看到过许多暗绿绣眼鸟在笼中鸣叫的视频，不觉有些心痛。这些鸟儿大多是在迁徙途中被捕捉的。随着现代捕猎技术的发展，一旦被捕，鸟群很难逃脱，鸟儿们也会遭到灭顶之灾，再者，暗绿绣眼鸟虽胆大不畏人，但仍然有许多在路途中或饲养过程中死亡。据统计，每一只在市场上售卖的笼养鸟背后，有超过十只野鸟为其枉死。鸟儿在笼中虽食物充裕，但是它们是自然的精灵，天空才是它们真正的家！

鸠占鹊巢
——四声杜鹃

四声杜鹃小档案

中文名称：四声杜鹃
中文俗名：光棍背钮、光棍好苦、花喀咕、快快割麦等
学名：*Cuculus micropterus*
英文名称：Indian Cuckoo
科学分类：鹃形目杜鹃科杜鹃属
分布范围：分布于东南亚，东到日本，向南抵马来群岛，在中国分布于东北至甘肃以南各地，西至云南边境、海南等地
分布生境：通常栖息于森林及次生林上层
浙江观测点：全境可见
IUCN保护级别：低危（LC）

我在衢州老家的房间靠近山，向窗外望去满山遍是葱葱郁郁的树木。春季的凌晨，窗外总会传来断断续续的四声一度的叫声，叫声清亮忧郁，在相对安静的夜里十分突出，仍在睡梦中的我听到这样的叫声最初还以为它来自我的梦境，直到醒来才发现确有其声。直到真正接触观鸟，我才知道这种鸟儿的名字叫作四声杜鹃。细听四声杜鹃的叫声，觉得像“光棍好苦”，又像“割麦插禾”，也像“算黄算割”，这也是它诸多俗名的来源，实在是有趣极了。

说到杜鹃，不禁想起了李商隐的名作《锦瑟》中有一句“庄生晓梦迷蝴蝶，望帝春心托杜鹃”，这里的“杜鹃”便是指四声杜鹃，其中还有一个典故。传说蜀国的国君望帝杜宇因水灾让位于自己的臣子，自己则隐归山林，死后化为杜鹃，因为思念家乡日夜悲鸣直至啼出血来。

那四声杜鹃究竟长什么样呢？它全身主体色调偏灰色，红褐色的眼睛与黄色的眼圈搭配在一起就像镶了金边的宝石一般，灵动极了。四声杜鹃的上下嘴颜色也不一样，它的上嘴是黑色的，下嘴则偏绿，比较显眼的是它黄色的脚，它们常常会站立在树枝上，只叫不动。此外，四声杜鹃的肚子是白色的，具有很明显的宽宽的黑褐色横斑，背部颜色则为深灰色，与腹部形成了较明显的对比。

它们虽然外表俊朗不凡，但处世却不太“地道”。四声杜鹃有一种独特的繁殖习惯，名为“巢寄生”。所谓“巢寄生”就是

四声杜鹃

四声杜鹃自己不筑巢，它们选好寄主（其他鸟类）后趁寄主不在，把寄主所产下的蛋吃掉一个，同时把自己高仿寄主的蛋下到这个巢里，然后就撒手不管了。杜鹃的蛋总是比寄主的蛋孵化得早一点，幼鸟一旦孵出来，就会本能地把巢里其他的蛋都挤出去，独占这个巢。成语“鸠占鹊巢”就是这么来的，这里的“鸠”指的就是杜鹃。而可怜的寄主却浑然不觉，仍在兢兢业业地喂养别人家的孩子。

大概是因为世世代代都这么洒脱的缘故，四声杜鹃的性子偏冷淡一些，它比较喜欢单独或成对活动，没有发现四声杜鹃成群活动的现象。除此之外，它还极富神秘感，通常只闻其声不见其影，这是为什么呢？因为它们通常在林冠层也就是林子的上层活动，一般栖在浓密的树冠里，只叫不动，极其难找。

四声杜鹃主要以昆虫为食，特别是毛虫，这在其他鸟类中是很少见的，而且它们食量较大，对抑制森林虫害能起到较大作用。我们不应戴上人类社会的有色眼镜来看待四声杜鹃这种有些“残忍”的繁殖方式，因为这也是自然维持平衡的重要方式。四声杜鹃选择的宿主一般是种类常见、数量较多的鸟类，这有利于控制被寄生鸟类的数量，一定程度上能避免某种鸟类过度繁殖。

丛林歌王
——画眉

画眉小档案

中文名称：画眉
中文俗名：画眉鸟
学名：*Garrulax canorus*
英文名称：Hwamei
科学分类：雀形目噪鹛科噪鹛属
分布范围：分布于老挝、越南北部和中国的东南沿海地区，在华中、华南地区为留鸟
分布状况：栖息于丘陵、低山和山脚平原地带的灌丛，也栖于林缘、旷野、村落和城镇附近的竹林、树丛等
保护级别：低危（LC）

我对画眉的最初印象来自欧阳修的一首诗《画眉鸟》：“百啭千声随意移，山花红紫树高低。始知锁向金笼听，不及林间自在啼。”初读此诗，便对画眉鸟心向往之，期盼着有朝一日亲耳听一听这婉转灵动的歌声。

初闻画眉歌声时，觉得它真不愧于“丛林歌王”这一称号。细听它的鸣叫，高亢激昂，婉转多变，而且持久不断，音域宽广，极富韵味。时而激越奔放，似珠落玉盘；时而婉转柔美，如行云流水。特别是它能长时间地连续鸣叫，情绪饱满，令人叹为观止。除此之外，画眉的歌声还有另一层含义，阳春三月春暖花开的时候，雄性画眉几乎使尽浑身解数，不断地大声鸣唱，不知疲倦地向雌鸟表示爱慕之情。它一面山盟海誓，一面严阵以待，向可能出现的情敌发出警告，以示其姻缘不容侵犯。

画眉不仅叫声动听，而且身手不凡，善于打斗。在求偶时期，雄鸟们一打起架来，抓、爬、滚、啄、插五艺俱全，毫不示弱，因此它们也有“英雄鸟”之称。那些“坐山观虎斗”的画眉小姐则遵循大自然优胜劣汰的规律，选择最后的胜者，与之结为伴侣。

画眉的雌鸟和雄鸟形态特征极为相似，它们身体修长，略呈两头尖中间大的梭子形，具有流线型的外廓，俊朗不凡。全身大体呈棕褐色，眼睛为黑色，虹膜为淡黄色，眼圈为白色，眼边各有一条白眉，匀称地由前向后延伸，并多呈蛾眉状，就像是用粉笔画上去的。

传说，“画眉”的名字是由春秋时期的越国美人西施所取。

画眉

春秋时期，吴国灭亡后，范蠡和西施隐姓埋名隐居山林。每天清晨和傍晚，爱美的西施都要到附近的一座石桥上以水当镜，照镜画眉。有一天，一群黄褐色的小鸟飞过石桥，来到她身边不停地“呖呖”地欢唱着。它们见西施在画眉，越画越好看，便互相用尖喙画对方的眉毛。不多时，它们居然也“画”出眉来了，见此，西施笑曰：“我画眉，它们也画眉，它们都有一双美丽的白眉，就像用白色颜料画上去似的。不管是什么鸟，我就都叫你们‘画眉’吧！”“画眉”这个美称就自此世代相传，并一直沿袭至今。

画眉喜居于亚热带，这里光照、温度、雨量都比较适宜，而且水资源丰富，植物繁茂，昆虫、植物种子和果实充足，特别有利于画眉的栖息。画眉属于留鸟，常年生活在比较固定的一个地方，它们经常出没于山丘的灌木丛和村落附近的灌丛或矮树林。这与画眉的生活习性有关，它特别爱干净，一年四季几乎每天都要洗浴，所以没有水和树林的地区一般是不会有画眉的。

尽管画眉种群数量不少，但它们仍面临生存危机。中国鸟市上贩卖的笼养画眉，均为野外捕捉。随着商业性掠夺性捕鸟的泛滥，现在野生的画眉已经越来越少，有些地方甚至已难寻踪迹。画眉属于“三有”保护动物，2019年7月，有五名男子在浙江宁波设网捕鸟，并播放鸟鸣声引诱画眉，结果被民警逮个正着。虽然这五人没有抓到一只鸟，但他们的行为仍然构成了犯罪。试问有哪一只鸟儿不喜欢广阔的天空？让我们爱护每一只小鸟，让它们自由自在地在林间歌唱。

潜水的巧克力球
——褐河乌

褐河乌小档案

中文名称：褐河乌
中文俗名：水乌鸦、小水乌鸦
学名：*Cinclus pallasii*
英文名称：Brown Dipper
科学分类：雀形目河乌科河乌属
分布范围：分布于欧亚大陆及非洲北部，中国分布于天山西部、东北、华东、华中、华南、西南等广大地区
分布生境：栖息于山涧、河谷、溪流露出的岩石上或河岸崖壁凸出部，从不到河流两岸树上停落
浙江观测点：全境可见
IUCN保护级别：低危（LC）

初次见褐河乌是在暑期参加观鸟营活动的时候，在一条水流潺潺的溪流边，我们远远看见一只黑乎乎的家伙在水里行走，起初以为是乌鸦，仔细一想又觉得不对：乌鸦会游泳吗，会在水里找食物吗？这个家伙会潜水，会从水中捉食物，或许它是大号的小鸊鷉？再走近一看，发现那是褐河乌，是一种水域鸟类，远看它全身似乎是黑的，近看其实是褐色的。

褐河乌全身为深褐色，身上就如同长了铁锈一般，仅仅在眨巴眼睛时候会露出白色的瞬膜，为它一身暗色系的打扮增添了一抹亮色。

我们看见褐河乌的时候，这只小黑鸟正在水里用双翅划水，黑脊背在透明的水里忽闪忽闪的，像一条全身包着密密小银色泡泡的“银鱼”在顶着急流游泳。只见它扎到河底，脚爪踏着砂子在河底跑起来。到了一个地方，它用嘴翻过一块小石头，把石底下的一条虫子吃了。我很喜欢这种羽毛如巧克力色的溪流型鸟类，它总是在各种大小溪流里穿梭，抓各种各样的小鱼、小虾和泥鳅之类的食物，它还是个潜水高手，可以潜下水去猎捕各种鱼类等，它在水里活动自如，羽毛上有一层薄薄的油脂，在水中潜游时羽毛表面形成小气泡，好像穿了一件空气做的衣服，羽毛不会湿，不怕冷也淹不死。因此，它还有一个特别有趣的名字，叫作“潜水的巧克力球”。

褐河乌是一种非常活泼的小鸟，它们特别爱叫，在觅食、打斗、梳妆、警卫、嬉戏、求爱时都鸣叫，叫时小尾巴翘起，上下

褐河乌

摆动。

褐河乌有一个重要的特点，就是依水而生。顾名思义，褐河乌活动于山间河流两岸的大石上或河岸崖壁凸出处，它从不远离河流而飞往他处，也很少上河岸边地上活动，遇惊及受到干扰时，亦只是沿河流水面往上或往下飞，甚至遇河流转弯处也不会从空中取捷径飞行。

褐河乌与江南水乡的人们一样习惯于依水而居，那它们的巢有什么特点呢？它们对巢位的选址要求很严，必须选在河中巨石堆积处且河水浸不到的空间里，但进出巢位时一定得通过“水帘洞”——这就是说，它们要把巢建在流水浇不着的水帘后面的石堆空隙里。而且，这个巢穴是由“夫妻”双方共同筑就的，巢呈碗状，外层是苔藓，内层是枯草，巢底有羽毛。

褐河乌有很多天敌，鹰、隼类猛禽可以伤害它，夜间黄鼠、豹猫、猫头鹰对它们也存在威胁。它们虽然分布广，但数量不多。因为长期依水而居，总免不了要接触人类。褐河乌对人类并不很避讳。但近年来，河水污染导致鱼虾减少，这给褐河乌这样依托清洁水体生活的鸟带来了极大的危害。

目前，我国出台了很多政策，加强了环境保护，褐河乌的生存环境正慢慢改善。希望以后我们能看到更多的褐河乌，共同守护那些山间的河谷溪流。

亚洲蜂鸟
——叉尾太阳鸟

叉尾太阳鸟小档案

中文名称：叉尾太阳鸟
中文俗名：燕尾太阳鸟
学名：*Aethopyga christinae*
英文名称：Fork-tailed Sunbird
科学分类：雀形目太阳鸟科太阳鸟属
分布范围：分布于中国南方，江西、四川、云南、贵州、湖南、广西、广东、福建、海南岛等地
分布生境：栖息于低山丘陵地带、山沟、山溪旁或树丛、灌木丛等
浙江观测点：浙南为留鸟，浙北地区偶见
IUCN保护级别：低危（LC）

蜂鸟是世界上最小的鸟类，色彩艳丽，风姿绰约，但仅仅分布在美洲，在中国境内无法探其容颜。然而，在我们身边有一种并不罕见且模样不逊于蜂鸟的鸟——这就是被称为“亚洲蜂鸟”的叉尾太阳鸟。

初识叉尾太阳鸟时，你可能会诧异于一团火红的小东西在枝头不停地蹿动。但当你举起望远镜看清了它的样子时，你也许会震惊于这个小精灵的美而屏住呼吸：叉尾太阳鸟雄鸟有着极其华丽的羽毛。头顶、颈部及尾边是亮绿色的，泛着金属光泽，喉咙为明亮的赭红色，这是叉尾太阳鸟全身最夺人眼球的部分。背部是橄榄黄色，脸颊上有闪灰绿色的黑色髭纹，腹部则是暗黄色。而叉尾太阳鸟的“叉尾”二字则源于它如燕子分叉的尾羽，尾羽末梢有着尖尖的两条中央尾羽，就像叉子一样。而雌鸟则没有雄鸟如此多彩的颜色，整体均为橄榄绿色夹杂着灰色。叉尾太阳鸟全身明亮而绚丽，宛若太阳的精灵，在枝头跃动、闪烁，更似一团明亮而美丽的火焰在花朵间绽放。叉尾太阳鸟的体形极小，仅仅只有10厘米左右，甚至曾被认为是中国最小的鸟。难怪它会被称为“亚洲蜂鸟”了。

叉尾太阳鸟的叫声也非常清脆悦耳。大多数时候，它会发出一连串清脆而短促的叽叽声，听起来颇为悦耳轻快。

叉尾太阳鸟除了有绚丽的色彩，它们和蜂鸟一样还有一个特殊的习性——吃花蜜。叉尾太阳鸟有弯弯的钩喙和能吸食花蜜的管状舌，这是它们为了吸食花蜜而特有的结构。叉尾太阳鸟有特殊

叉尾太阳鸟

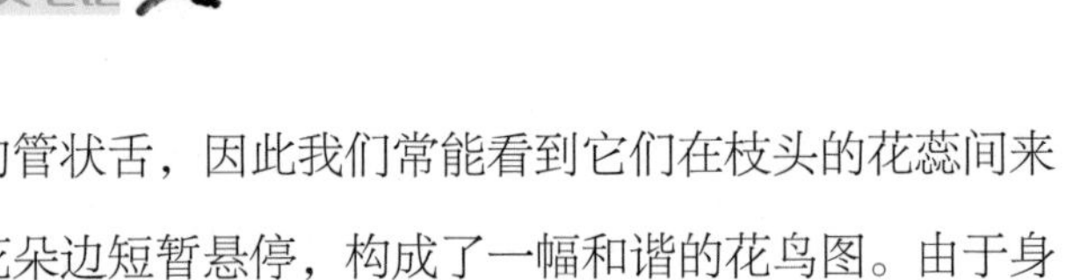

的能吸食花蜜的管状舌，因此我们常能看到它们在枝头的花蕊间来回跃动或者在花朵边短暂悬停，构成了一幅和谐的花鸟图。由于身姿漂亮再加上不惧人，会在人们身边蹦来蹦去，使得叉尾太阳鸟成为摄影爱好者十分钟情的宠儿。

叉尾太阳鸟在云南、海南、广东、广西、福建等地几乎随处可见，而在浙江则相对较少。

每年三至五月是叉尾太阳鸟的繁殖季节，在这期间，雄鸟的羽毛会变得更加鲜艳。雌鸟产卵后，孵卵工作由雌鸟单独完成，经过约半个月孵化后，幼鸟破壳而出。此后的育雏工作也全由鸟妈妈完成。鸟妈妈非常尽职，一天要喂食数十次，而鸟爸爸则完全不见踪影了。

值得注意的是，叉尾太阳鸟鸣声嘤嘤，身形可爱，难免很多人有笼养的念头，但显然捕捉或笼养的想法都是十分不可取的。开在枝头的花朵才是最美的，自由飞翔的鸟儿才是最有生命力的。只有身处自然，鸟儿们才能真正展现出其原本的迷人姿态。

森林医生
——大斑啄木鸟

大斑啄木鸟小档案

中文名称：大斑啄木鸟
中文俗名：赤䴕、臭奔得儿木、花啄木
学名：*Dendrocopos major*
英文名称：Great Spotted Woodpecker
科学分类：䴕形目啄木鸟科啄木鸟属
分布范围：欧亚大陆的温带林区，印度东北部，缅甸西部、北部及东部，中南半岛北部。中国除西藏、台湾外全境可见
分布生境：栖息于山地和平原针叶林、针阔叶混交林和阔叶林中，尤以混交林和阔叶林较多，也出现于林缘次生林和农田地边疏林及灌丛地带
浙江观测点：全境可见
IUCN保护级别：低危（LC）

大斑啄木鸟是城市中最常见的一种啄木鸟。它的色彩尤为艳丽，辨识度极高，周身由黑、白、红、棕四种颜色构成。上体主要为黑色，额、颊和耳羽为白色，肩和翅上各有一大块白斑；下体呈棕色，尾下覆羽为红色。此外，雄鸟头顶后枕部有一明显的狭窄红色斑块，雏鸟头顶的冠羽为红色，远远望去，像是在一幅水墨画上点了几滴红色颜料，显得格外美丽动人。

作为啄木鸟家族中的一员，大斑啄木鸟也采用以嘴凿树这种独特的取食方法。它们的身影常出现在杨树、柳树、杏树等粗壮的树干上。觅食时它们常从树的中下部向上跳跃，如发现树皮或树干内有昆虫，就迅速啄木取食，用舌头探入树皮缝隙或从啄出的树洞内钩取害虫。如果在觅食时发现有人，它们则会绕到被啄木的后面藏匿或继续向上跳跃，搜索完一棵树后再飞向另一棵树。大斑啄木鸟特殊的对趾足给它们带来了与生俱来的攀缘能力，而绕头骨一圈的舌骨与柔韧的舌头则大大增加了它们从小孔中取食的能力。许多关于啄木鸟形态的研究都可为仿生学提供独特的思路。

有时候你能看到大斑啄木鸟用嘴猛烈地敲击树，发出“咣咣咣”的连续声响，那是它在求偶呢。有时你还能看见三只（两雄一雌）大斑啄木鸟为争偶而争斗，搅作一团，上下翻飞，边飞边叫。大斑啄木鸟的巢洞多选择在心材已腐朽（心腐木）或枯立木的树干上，偶尔也会选择粗的侧枝。通常，喜新厌旧的啄木鸟父母每年都要另啄新巢，但在找不到合适的巢树的情况下它们也

大斑啄木鸟

会使用旧巢。孵化后父母会共同育雏，为啄木鸟宝宝提供一个最好的生活环境。未使用的啄木鸟的巢也为其他鸟类提供了重要的繁育场地。

大斑啄木鸟近一半以上的食物是昆虫，各种甲虫和鳞翅目的昆虫都囊括其中，在冬春季节它们的食物更以蛀干昆虫为主，“森林医生”美誉实至名归。

大斑啄木鸟出没于森林等野外环境及偏远的乡村，但它们同样适应钢筋混凝土的城市生活，各种城市公园都有它们的踪迹。在我国，除西藏自治区和台湾省之外，全国各地都有大斑啄木鸟的分布记录。夏天你若走在车水马龙的路边，听到一阵突如其来的“哒哒哒”声，说不定便能看到路旁的行道树上有道“红色闪电”一晃而过。在各处林地破碎化现象严重的今天，大斑啄木鸟的生存也面临着巨大的威胁。我们在与大斑啄木鸟同城共居的同时，也要知道如何更好地保护它们，学会为它们提供一个安静、安全的栖息环境，尽量不要人为干扰和破坏这份难得的和谐。

乌鸦并非一般黑
——白颈鸦

白颈鸦小档案

中文名称：白颈鸦
学名：*Corvus pectoralis*
英文名称：Collared Crow
科学分类：雀形目鸦科鸦属
分布范围：分布于中国华东、华中及东南各地，国外仅越南有记录
分布生境：多栖于开阔的农田、河滩、城镇和村庄
浙江观测点：偶见于浙江
IUCN保护级别：易危（VU）

随着气候条件的变化，人们见到乌鸦的机会越来越少，“枯藤老树昏鸦”的场景大多数人也未曾体验过。俗语说“天下的乌鸦一般黑”，因此乌鸦似乎与黑色这个词紧密地联系在一起。在没有参加观鸟会前，我也一直单纯地以为所有的乌鸦都是黑色的，后来才发现事实并非如此，有许多乌鸦并非全黑的。全国鸦科鸟类有32种，有黑的、褐的、灰的、蓝的，非但鸦科鸟类不都是黑的，连鸦属鸟类也不都是全黑的，白颈鸦就是一个例子。

白颈鸦是一种长约50厘米的乌鸦，顾名思义，它的颈背和胸部有一圈白色，就像围了一条白色的围脖，除此之外，它身上其他羽毛都是黑色的，但是这种黑却黑得不纯粹，阳光下，我总觉得它头部和喉部闪着淡蓝紫色的光泽，与其他乌鸦不太一样。

白颈鸦喜欢在开阔的农田、河滩和河湾等处，或在地上，特别在新耕和刚施肥的地上，缓步觅食。清晨它们飞到田野觅食，晚上很晚才飞回村旁或林缘的树上过夜。在地上觅食时常一步一步地向前移动，不时扭头向四处张望。可是它们比一般的乌鸦更加敏感，也更难接近，见人走近，尚离得很远就飞走，警觉极了。

那白颈鸦吃些什么呢？乌鸦是杂食性鸟类，但以动物性食物为主。像大多数乌鸦那样，白颈鸦以种子、昆虫、腐肉等为食。有时，我们还可以看到白颈鸦在村镇的垃圾堆旁觅食。

在很多人印象中，或许乌鸦大多代表着晦气、厄运，但是在河南却有这样一个关于白颈鸦的有趣传说。西汉末年，王莽篡位

白颈鸦

改立新朝后，因怕刘秀报复，便一路追杀刘秀。刘秀路过济源克井时，见一老人正在耕田，苦于此处无处藏身的刘秀便上前向老人求救，仗义的老人得知缘由后，赶着黄牛在田里犁了一道很深的沟，让刘秀卧了进去。王莽气喘吁吁地赶到，不见刘秀的踪影，便询问老人，老人回答不知道。这时，山麻雀叫道："卧犁沟（窝里垧）——"，王莽一听"卧犁沟"，正犹豫时，乌鸦叫道："过儿（呱儿）——"王莽寻思着一个大活人怎么可能卧在犁沟里，一定是过去了，刘秀因此逃过一劫。刘秀称帝后，为了感谢乌鸦的救命之恩，便特地赏了河南的乌鸦一条白色的围巾。

近年来，随着农业集约化发展，以及随之而来的农药、鼠药的过度使用，白颈鸦的食物资源大幅减少，它们的数量持续减少，同时捕捉白颈鸦作为宠物的现象也越来越多，未来白颈鸦的数量可能会进一步减少，因此，保护白颈鸦迫在眉睫。

极速猎手
——白喉林鹟

白喉林鹟小档案

中文名称：白喉林鹟
中文俗名：暂无
学名：*Cyornis brunneatus*
英文名称：Brown-chested jungle flycatcher
科学分类：雀形目鹟科蓝仙鹟属
分布范围：指名亚种为中国东南部的不常见夏候鸟，冬季南迁至马来半岛及尼科巴群岛，在中国分布于浙江、江苏、福建、湖南、广东、广西、四川、贵州、香港等地
分布生境：栖息于亚热带或热带湿润的低地森林及竹林，迁徙季节也曾在泰国的红树林和海滩灌丛出现
浙江观测点：全境可见
IUCN保护级别：易危（VU）

白喉林鹟，初看起来除了脖子上系的那个白色领结即“白喉”之外，外表实在很低调平常。但是只要你留心，就可以发现它们的羽毛上有着精巧的、鱼鳞一样的斑纹。再加上粉红的小脚、胖乎乎的身体，人见人爱。

可不要小瞧了白喉林鹟。它们是小身材大能量的典型代表，一旦肚子饿了，就会化身为身手敏捷的昆虫猎手。现在让我们走近白喉林鹟栖身的树丛，来看一场在半空中上演的极速猎杀。枝头上，一只白喉林鹟正在一动不动地等待猎物，它仔细地观察着四周，褐色的羽毛使它与环境几乎融为一体，难以分辨。远处，一只毫无防备的飞虫渐渐靠近，终于进入了猎手的攻击范围。白喉林鹟立刻瞄准猎物，快、准、狠地在空中给以迎头痛击。一顿美餐到手了。白喉林鹟的这种捕猎策略依赖于其极具迷惑性的外表、敏锐的观察力、十足的耐心和强大的爆发力，四者缺一不可。

白喉林鹟是夏候鸟，每年夏季飞来，在浙江有一定的数量，它性格羞怯孤僻，独来独往，喜欢藏身于密林和灌木丛。这些小鸟属于鸣禽，在繁殖期的求偶鸣唱会有明显的段落区分，即每首歌结束之后，都要稍加歇息才会开始下一段表演。一曲完整的歌以一至三声快速稍轻的“chi”作为开场，而后低叫两声，接着短促地叫起来，那是一种略显粗哑的嗓音，听起来似有些颤动。有一次我用望远镜扫视时，意外地在一处树枝上发现了它，但白喉林鹟是公认的害羞、怕人，它很快又钻到厚厚的树叶后面去了。我在可惜之余，也对这种爱保持神秘感的小鸟很有兴趣。有

白喉林鹟

几位幸运并且更加耐心的鸟友，还观察到了白喉林鹟幼鸟。与羽毛顺滑的父母不同，小家伙们的绒毛尚未完全褪去，看上去像是气呼呼地炸了毛。

尽管大多数时候是独行侠，但白喉林鹟父母对于它们共同的家园是很上心的。它们会细致地编织自己的小窝，为了让雏鸟住得更加舒服，还会用嘴啄下自己身上的毛用作建筑材料。建于枝丫间的鸟窝圆圆的，小小的，看起来很脆弱，实际上是比较坚固的，能够给鸟宝宝提供足够的保护。

不过这些精心搭建的鸟窝却无法保护白喉林鹟不受人类的侵害。

目前白喉林鹟的IUCN保护等级为易危，这表示其在野外还有一定的种群数量。但是不论是其繁殖地还是越冬地的森林都在持续退化和流失，导致其种群处于持续下降中。从易危到濒危不过一步之遥，我们应加强对森林的保护，从而保护以白喉林鹟为代表的森林鸟类。

白衣秀士
——白鹇

白鹇小档案

中文名称：白鹇
中文俗名：银鸡、银雉、越鸟等
学名：*Lophura nycthemera*
英文名称：silver pheasant
科学分类：鸡形目雉科鹇属
分布范围：主要分布在中国南部及东南亚
分布生境：栖息于中海拔高度的常绿林、竹林及灌丛
浙江观测点：全境中海拔山地可见
IUCN保护级别：低危（LC）

我第一次遇见白鹇的时候，它正优雅地在树丛中踱步。那是一只雄性白鹇，身体的上半部及两边翅膀呈白色，上面密布着黑色纹，下体呈黑色。脸颊的裸皮和脚都呈鲜红色。它的尾巴很长，中央的尾羽几乎是纯白色的，外侧的尾羽带着黑色的波纹。从远处望去，它就像披着白色的斗篷，被风吹开时露出内侧的灰蓝色。秀美的体态、娴雅的举止为白鹇赢得了“白衣秀士”的美名。胆小、机敏的白鹇很少起飞，如果被外界惊扰了，它往往快速向丛林深处跑去或紧急飞翔一段距离，然后快速隐没在树林中。幸运的是，我第二次遇见它的时候，它正从树林的一头飞向另一头，让我得见那既优雅又高贵的背影。

每到黄昏，白鹇会先伸长脖颈，四下张望，确认没有危险后，再飞到树杈上休息。天黑之后，白鹇才会睡觉，它们会成群栖息于高大乔木浓密的树冠下。平时白鹇十分安静，在丛林间行走时也是轻脚慢步的，偶尔才能听到它们“沙沙”的脚步声。不过白鹇求偶时，会发出轻柔的“lu lu lu”的叫声。

白鹇是杂食性动物，主要以壳斗科、樟科、禾本科等植物的嫩叶、幼芽、花、茎、浆果、种子及根和苔藓等为食，当然它也会吃蝗虫、蚂蚁等昆虫。它的繁殖期是每年三至五月，采取的是一夫多妻制，一只雄鸟会成为多只雌鸟的配偶，雄鸟之间还时常会为了争夺雌鸟而打架。

白鹇在中国古代就是一种名贵的观赏鸟。《禽经》中记载：“似山鸡而色白，行止闲暇。”唐代诗人李白也曾在诗中写道：

白鹇

“请以双白璧，买君双白鹇。白鹇白如锦，白雪耻容颜。照影玉潭里，刷毛琪树间。夜栖寒月静，朝步落花闲。”白鹇也经常出现在古代的花鸟图中，比如明代林良的《山茶白鹇图》、汪肇的《柳禽白鹇图》等。不仅如此，清朝更是把白鹇作为五品文官官服的图案。同时，白鹇也是我国哈尼族的吉祥物。

人类垦殖、修建公路、开发山林、设旅游区等行为，使白鹇的栖息地遭到了很大破坏，有些偏僻乡村甚至为了滋补身体捕食白鹇，使白鹇的生存受到了严重威胁。

白鹇是国家Ⅱ级重点保护野生动物。不过对于一个物种来说，保护级别越高反而越不利，因为这意味着它们的生存已受到极大的威胁和挑战。每一个物种都有保障自己生存的权利，对人类来说，尊重自然、尊重生命就是尊重人类自己。

胡子将军
——短尾鸦雀

短尾鸦雀小档案

中文名称：短尾鸦雀
中文俗名：挂墩鸦雀
学名：*Neosuthora davidiana*
英文名称：Short-tailed Parrotbill
科学分类：雀形目莺鹛科短尾鸦雀属
分布范围：分布于越南、老挝、泰国、缅甸及中国华南和东南地区。在中国主要分布于福建、浙江、湖南、云南等地
分布生境：常栖息于竹林或长草丛间松散地
浙江观测点：全境可见
IUCN保护级别：低危（LC）

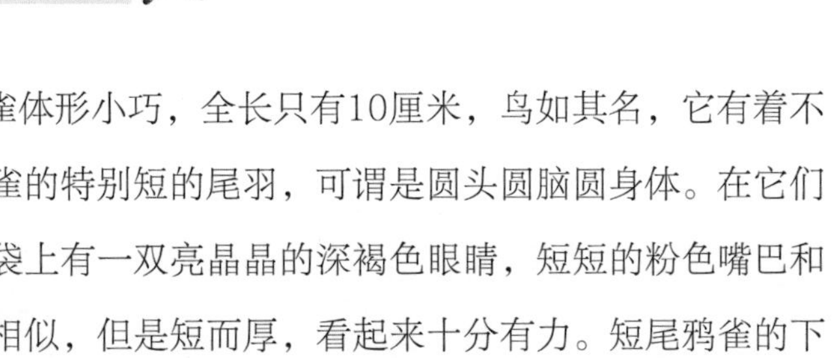

短尾鸦雀体形小巧，全长只有10厘米，鸟如其名，它有着不同于一般鸦雀的特别短的尾羽，可谓是圆头圆脑圆身体。在它们栗色的圆脑袋上有一双亮晶晶的深褐色眼睛，短短的粉色嘴巴和鹦鹉有几分相似，但是短而厚，看起来十分有力。短尾鸦雀的下巴上有一撮黑色羽毛，看上去就像蓄着胡子的小个子将军，英武有神，对比它那总是表现出新生儿般好奇的神情，显得可爱有趣。

随着生态环境保护工作的不断推进和调查工作的深入，2000年IUCN将短尾鸦雀从易危物种降为了低危物种。虽然等级降低了，但是短尾鸦雀在野外还是不常见，每次出现都可能会面对全国各地观鸟人的“长枪短炮”，也算是鸟中的小明星。浙江大概是全球最容易见到短尾鸦雀的地区之一了。为了一睹短尾鸦雀芳容，每年都会有不少观鸟人专程来浙江守候。

观察和拍摄短尾鸦雀有些困难，因为这些小鸟十分活泼好动。它们总是成群结队，有时也和其他小型鸟类混群，在芦苇和竹枝间四处跳跃，用柔嫩的嗓音啾啾鸣叫，这一秒可能扑棱一下落在你眼前，下一秒则又飞进了芦苇丛，说它来去如风一点也不为过。有时候刚刚肉眼锁定一只短尾鸦雀，举起望远镜时却发现它早已逃出视线，或是我们刚刚找到了一个绝佳的拍摄角度，转眼间主角又躲到了一棵芦苇后面，只留给镜头半个小脑袋。观察这些小鸟觅食是十分有趣的事。它们又短又厚的喙是极好的工具，能够轻松破开细竹枝和芦苇秆，找到里面的卵和幼虫。

短尾鸦雀

据推测，短尾鸦雀存在垂直迁徙的习惯，在天气寒冷时下山觅食，待到天气转暖，就再次返回山间。而每次短尾鸦雀离开后，观鸟人不管是抱憾还是满足，都会纷纷转战他地，或是回归到日常的生活轨迹。素昧平生的观鸟人士因为一只小鸟而相聚，在交谈间一起惊喜一起失望，或许是他乡遇故知，或许是萍水相逢一拍即合，其间可能发生了很多故事。

比起兄弟震旦鸦雀，短尾鸦雀的境况要好不少，尽管一度被列为易危物种，且还有许多秘密等待我们去探寻，但其数量已在慢慢恢复。期待着有一日，这种可爱的小生灵能够被更多人认识和喜爱。

林中仙子
——仙八色鸫

仙八色鸫小档案

中文名称：仙八色鸫
学名：*Pitta nympha*
英文名称：Fairy Pitta
科学分类：雀形目八色鸫科八色鸫属
分布范围：分布于中国东部和东南部，日本、朝鲜、韩国、马来西亚、越南、印度尼西亚
分布生境：栖息于平原至低山的次生阔叶林内
浙江观测点：浙西南山区有繁殖，但习性隐秘，不易被发现
IUCN保护级别：易危（VU）

“仙八色鸫”这个名字对于许多人来说还是挺陌生的，但在观鸟爱好者那里，它的名字却如雷贯耳。这种鸟堪称“鸟中美女”，观鸟爱好者都对其趋之若鹜。我第一次了解到仙八色鸫，是观鸟刚入门之时听观鸟前辈谈起：在中国东部和东南部有一种神秘而高贵的鸟叫仙八色鸫，它披着一件上面有八种颜色的羽衣，在森林中盘旋歌唱。当时我便对这种鸟心向往之，梦想着能一睹这美丽精灵的芳容，可至今仍未能实现。

鸟类之美在于羽，羽毛之美在于色，观鸟没有观过仙八色鸫，就像一幅油画中有一小块空白，心里总有一种事情没办完的不踏实感。可为何这种如仙子般的鸟如此难见呢？首先，仙八色鸫的数量极少，全球不到一万只，而森林砍伐和人为干扰造成的栖息地破碎化更是不断威胁着这种美丽小鸟的生存。除此之外，还与它的性子也多少有些关系，在中国仙八色鸫是夏候鸟和旅鸟，非常机敏、胆小，静如处子，动如脱兔，行动诡秘。它们多在地上跳跃行走，飞行直而低，速度较慢。它性情羞怯，除繁殖季节外很少鸣叫，因此不易被观察到，能见上它一面便是万幸了。因此，每当一个地方出现了仙八色鸫，就有众多观鸟爱好者不远万里前去观赏。其盛况，可与追星相比拟，仙八色鸫便是观鸟爱好者心中的“明星”。

那仙八色鸫为何叫仙八色鸫呢，它究竟有什么魅力能被冠以“仙”这一字呢？顾名思义，仙八色鸫全身羽毛有八种颜色，在中国台湾和日本又被叫作八色鸟。它具有棕色的头冠及黑色的眼

仙八色鸫

罩，喉咙部分为白色，胸腹部偏淡黄色，翅膀和背部为蓝绿色，肩部、腰部有亮蓝色羽毛点缀，腹部和尾下覆羽却又是鲜艳的红色，最后加上肉色的脚爪，全身上下一共八种颜色，色彩搭配极其丰富，令人一见倾心。

仙八色鸫体长大概20厘米，体形矮胖，它们尾巴很短，嘴巴很大，双脚强健有力，特别喜欢在潮湿茂密的树林地面活动。它们大大的嘴巴能够在地面快速翻动树叶和泥土，找到最爱吃的蚯蚓和毛毛虫等食物，其中蚯蚓是仙八色鸫最喜欢吃的食物，占据它食谱的70%以上。

仙八色鸫美丽的外形让人向往，如果有机会见到这传说中美得不可方物的林中精灵，相信你一定会成为它最忠实的粉丝。

京剧武生
——白颈长尾雉

白颈长尾雉小档案

中文名称：白颈长尾雉
中文俗名：横纹背鸡
学名：*Syrmaticus ellioti*
英文名称：Elliot's Pheasant，Chinese Barred-backed Pheasant
科学分类：鸡形目雉科长尾雉属
分布范围：分布于中国长江以南的江西、安徽南部、浙江西部、福建北部、湖南、贵州东部及广西和广东北部的山林
分布生境：主要栖息于海拔200—1900米的低山丘陵地区的阔叶林、混交林、针叶林、竹林和林缘灌丛地带，其中尤以阔叶林和混交林为主
浙江观测点：浙江中部及南部可见，清凉峰、乌岩岭、古田山等自然保护区遇见率较高
IUCN保护级别：近危（NT）

白颈长尾雉属于鸡形目长尾雉属，和许多其他野鸡一样，它那优雅的体形与艳丽独特、令人眼花缭乱的羽色极具观赏价值。雄鸟的头部灰褐色，颈白色，脸鲜红色，像是被哪个顽皮的小孩用颜料涂上去一样。其上背、胸和两翅呈栗色，上背和翅上均有一条宽阔的白色带，极为醒目；下背和腰呈黑色又具白斑；腹白色，尾灰色并整齐地夹杂宽阔栗斑，好像巧克力与牛奶口味混杂的百奇棒。京剧中武生或影视剧里美猴王的头上总是插有令人惊艳的翎子，足有一米长，飘逸绚丽，那正是长尾雉的尾羽。相比之下，雌鸟颜色略为暗淡，体羽大多呈棕褐色，上体杂以栗色、灰色、黑色斑，背上有白色矢状斑。

白颈长尾雉是一种留鸟，喜集群，常以三至八只的小群活动，多出没于森林茂密、地形复杂的崎岖山地和山谷间。白颈长尾雉的性情胆怯而机警，听觉和视觉十分敏锐，在发现异常情况时，总是先急跑几步，再停下观察动静，如无危险，则悄悄走开或飞走；如发现敌害临近，则马上起飞，同时发出尖锐的叫声。白颈长尾雉活动时间以早晚为主，常常边游荡边取食，中午休息，晚上则栖息于树上。 白颈长尾雉善奔跑，飞行速度较快，特别是从高处向下滑翔时极为迅速，也能直接向上飞行较长距离。在快速飞行时，它能利用长尾控制飞行方向并急行降落，因此能在林中自如灵活地穿行。

每年的四五月，白颈长尾雉进入繁殖季节，行一夫多妻制。此时的雄鸟非常活跃，终日追随雌鸟并频频鸣叫，时常做出振

白颈长尾雉

翅、飞跃、旋转尾羽、与其他雄性打斗等动作，配上鲜艳的羽色，像一位活生生的武将。交配后，雌鸟便离开雄鸟单独筑巢产卵，在雏鸟出生后带领它们与雄雉合群。

长尾雉喜欢在林中栖息和觅食，以食果实、植物嫩芽、新叶的昆虫等动物性食物为主，对抑制森林虫害，维护生态平衡有一定作用。

因为栖息地被破坏和人类的捕猎行为，白颈长尾雉被列为国家Ⅰ级重点保护野生动物。在浙江西部山区，栖息地的碎片化威胁着白颈长尾雉的生存。近年来随着人们生态保护意识的增强，越来越多的人开始关注美丽的长尾雉。

浙江开化是白颈长尾雉的适生地，当地政府不断开展保护野生动物的科普宣传活动。为了给白颈长尾雉提供更优越的生存栖息空间，政府不断扩大自然保护区面积，并认真开展科研和监测工作。2011年，开化县被授予“中国白颈长尾雉之乡”的称号，“浙江五大天资之鸟”之一的白颈长尾雉也算是在这片土地上找到了一片合适而稳定的家园。

鸟中大熊猫
——黄腹角雉

黄腹角雉小档案

中文名称：黄腹角雉
中文俗名：角鸡、吐绶鸟、寿鸡
学名：*Tragopan caboti*
英文名称：Cabot's Tragopan，Yellow-bellied Tragopan
科学分类：鸡形目雉科角雉属
分布范围：中国东南部，主要分布于浙江，在福建、广东、湖南、江西亦有分布
分布生境：栖息于海拔600—2000米的亚热带常绿阔叶林和针阔混交林
浙江观测点：浙江南部山地有稳定分布，在温州乌岩岭和丽水箬寮原始林区较容易观察到
IUCN保护级别：易危（VU）

黄腹角雉是我国特有的一种雉类，为国家Ⅰ级重点保护动物，主要生活在海拔600—2000米的常绿阔叶林、针阔混交林中，在浙江省乌岩岭国家级自然保护区和丽水箬寮原始森林有稳定分布。它们胆子很小，又不善飞行，因而天敌很多，再加上森林砍伐、生存环境被破坏、盗猎等人为干扰，黄腹角雉的分布区域越来越小，种群数量也在不断减少，早在20世纪70年代就被列入世界濒危鸟类红皮书。

黄腹角雉体长52—63厘米，体形稍大于家鸡，雄性与雌性的体色差别较大。雄性黄腹角雉色彩艳丽，仿佛穿上了精心设计的时装，上半身为栗色，身体羽毛末端有淡黄色圆斑，肚子呈皮黄色，这便是“黄腹”的由来。在繁殖季节，雄性黄腹角雉头顶会升起一对翠蓝色的肉角，仿佛一对犄角，因而又称 “角鸡”；它喉下的肉裙也会充血膨胀下垂，上面翠蓝色的纹路仿佛是繁体的“寿”字，故也被称 为“寿鸡”。唐朝作家段成式在《酉阳杂俎》中对黄腹角雉的肉裙有这样的描写：“丹彩彪炳，形色类绶。”段成式生动地展现了雄鸟展示肉裙时的精彩画面，这个特点也是这种鸟儿别名“吐绶鸟”的由来，即能够吐出锦绣的鸟。

相比于艳丽的雄鸟，雌鸟则明显暗淡很多。雌鸟整体为棕褐色，并且羽色斑驳。选择这样低调的羽色是因为孵化和育雏工作都是由雌鸟完成。鸟妈妈会利用枯枝落叶在树上搭建一个简单的巢穴，产下三四枚如鸡蛋般大小的卵后便卧在巢上孵卵，它们每天仅花一至两小时出巢觅食，孵化期长达一个月，十分辛苦。孵

黄腹角雉

化中的卵非常脆弱，鸟妈妈有较强的恋巢行为，因此雏鸟和卵很容易遭到天敌的捕食，因而自然繁殖率很低，仅10%左右。幸运的是，黄腹角雉为早成雏鸟，孵化出壳、羽毛干后便可以随母亲外出觅食，减少了被捕食的概率。

黄腹角雉因为数量稀少、繁殖困难被称为“鸟中大熊猫”，目前全球成熟个体数量可能少于五千只，其中，浙江乌岩岭是目前我国已知野生黄腹角雉种群密度最高的地区，并且乌岩岭国家级自然保护区已实现人工繁育，自然繁育也获得了成功。随着近年来生态环境的不断优化，黄腹角雉的栖息范围也在不断扩大，野外种群数量逐步增多。我相信，这种秘境鸟儿能够在丛林山野中找到自己的天地，也会有更多的鸟宝宝来到这个世界。

第四章

观鸟指南

观鸟要点

观鸟是走进大自然剧院的终身免费门票。这个剧院里还上映着很多有趣的事情，等着我们去发现。让我们一起拿起手中的望远镜去观鸟吧！

野外观鸟（浙江大学学生绿之源协会观鸟护鸟部提供）

观鸟时间

鸟儿的活动是有规律可循的。日出后两个小时和日落前两个小时是鸟类比较活跃的时期，这时候鸟儿喜欢鸣叫，更容易被发现。在城市里，一年中如果想观看到更多种类、数量的鸟儿，最适宜在春秋两季到公园观察。在春季除了留鸟和夏候鸟外，还能看到很多旅鸟。

观鸟地点

鸟类不喜欢人多热闹的地方，所以城市里的大草坪、修建的很整齐的花圃等地方，鸟儿出现的频率都很低。相反，灌木丛、农田边缘、未修整过的湿地、非单一树种的林子，则是合适的观鸟地。

当然，不同的鸟有不同的生存环境，所以在野外观鸟需要选对环境。比如：观察黄鹂、卷尾、伯劳等鸟类时，要选择村庄附近有乔木、农田、果园的环境；而观察画眉、三道眉草鹀等，则需选择灌木丛生的环境；想看小云雀就要到荒草地进行观察，而想遇到鹭类和野鸭等涉禽、游禽，就要到湖泊、河流、海滨等湿地。又比如，乌雕偏爱湿地，蛇雕喜欢林子，只有掌握了各类鸟儿的生境，才能够更好地找到鸟儿，判断鸟的种类。如果想静止在一个地方观鸟，可在茂密的树林中将自己隐藏起来，也可在海滨、湖岸、沼泽等开阔处架起高倍望远镜，观察较远处的水鸟。发现鸟时不要大声喊叫，必须保持一定距离，不要往前靠近，防止鸟类惊飞。

野外观鸟（浙江大学学生绿之源协会观鸟护鸟部提供）

观察重点

观鸟观什么？有时候，当我们走在小树林里，会突然听到一声鸣叫，抬头一看，发现一个小小的黑影从头顶飞快掠过；或者有时候，我们会专程跑到湿地公园或某条河域去寻找某一类鸟，结果发现目标后，很可能大喜过望，以至于大叫一声，把鸟儿吓跑了；或者我们屏息凝神地看着鸟儿，看了半天，回头却发现没观察到什么细节。所以我们必须明白观鸟要观什么，心里有点谱才可以帮助自己更仔细地观察到细节，加深印象。但是初学者还不适合钻研细节，因为他们往往缺乏足够的知识，所以要学会先看大，看类型，看类群。看大之后再看小，小就是细节，同一个类群中，眉纹的差异，上下嘴的颜色等都可能是识别要素。

首先，可以观察鸟的体形的大小与形态特征。

其次，可以观察鸟的羽色及其所形成的模样，如脸部是否有眉斑、眼圈、过眼线，头部是否有中央线或者横斑；腹或胸是否有横斑、纵斑或斑点；背上是否有斑纹，尾羽是否有明显的斑纹；翅膀上是否有斑纹等。

再次，可以听听鸣声，不同的鸟有不同的鸣叫声，熟悉了鸣叫声后，即使没有看到鸟，也可以通过鸣叫声判断鸟的种类，这样更容易找到鸟。

由于鸟类非常敏感，因此不建议靠近鸟类进行近距离拍照，可以借助单筒或双筒望远镜进行观察。鸟类图鉴是辨认鸟类时不可缺少的工具书，可以根据望远镜观察鸟类的体形大小、形态特征、身体各部的主要颜色，以及嘴、脚、翅、尾等特点，再对照图鉴，一一识别，了解鸟类常识。

出门看鸟，在什么样的环境中，鸟类有什么样的行为都是很重要的信息。所以，把看到的这些信息记录下来非常重要。初学者可以随身带个笔记本，把你看到的鸟种记录下来。一方面可以描述记录鸟类的行为，另一方面对于一时不认识的鸟，先记录下它的相关信息：体型、羽色、飞行方式、行为模式、鸣叫声、出现地点与时间等，或者快速画下来，等回去后再详细查阅资料确定种类。当然，现在还有一种比带本子拿笔记录更方便的方式——使用手机录音，直接口头描述观察到的信息，这也不失为一个好方法。

观鸟笔记（浙江大学学生绿之源协会观鸟护鸟部提供）

浙江观鸟去哪里

观鸟去哪里好？是找一块适合的湿地，架起望远镜和长焦镜头静候鸟儿日出而出、日落而归，还是藏身于密林中用望远镜仔细搜寻每一个枝丫？下面介绍几处浙江省内的观鸟胜地。

杭州西湖

在西湖观鸟，最常见的应该是人们眼中的爱情之鸟——鸳鸯。每年四五月份，西湖春花谢幕时正是鸳鸯繁殖的季节，远远地站在西湖边，往湖心望去，看着三两成群的鸳鸯，兴许会兴起一种“只羡鸳鸯不羡仙”的感觉吧。

西湖里的鸳鸯[①]

除了鸳鸯，在西湖和周边地区还能看到近百种水鸟和林鸟。勤奋而好运的观鸟爱好者甚至还在台风之后发现过黄蹼洋海燕这

① http://www.sohu.com/a/58799797_349213

样的海洋鸟类。在西湖边观鸟，挑选位置也很重要。如果你选择在苏堤两侧、柳浪闻莺、西湖国宾馆一带观鸟，没准还能一睹绿翅鸭、普通秋沙鸭等平常难得一见的水鸟的芳容呢。而如果想要看锡嘴雀、栗颈凤鹛、灰喉山椒鸟等山林鸟类，宝石山等湖边山丘是更好的选择。

苏堤及两侧水域： 苏堤以常见鸟类为主，种群数量易受游人影响，两侧西湖水域是游禽、鸥类和鹭科鸟类的主要栖息点，易见鸟种如普通鸬鹚、普通秋沙鸭、西伯利亚银鸥、棕头鸦雀等。

曲院风荷： 全年可见60多种鸟类，鸟种兼含林鸟和水鸟。易见鸟种有夜鹭、鸳鸯、织女银鸥、珠颈斑鸠、白头鹎、红嘴蓝鹊、喜鹊、乌鸫、棕头鸦雀、红头长尾山雀、远东山雀等。

孤山： 以山地鸟类为主，常年可见70多种。易见鸟种有鸳鸯、普通翠鸟等。

柳浪闻莺： 易见鸟种有普通鸬鹚、织女银鸥、珠颈斑鸠、红嘴蓝鹊、棕头鸦雀等。

花港观鱼： 易见鸟种有普通秋沙鸭、珠颈斑鸠、红嘴蓝鹊、乌鸫等。

茅家埠： 以湿地鸟类为主，鸟种数60种左右。 易见鸟种有白鹭、夜鹭、黑水鸡、普通翠鸟、棕背伯劳、灰头鹀等。

九溪： 以山地鸟类和山林溪流鸟类为主。易见鸟种有普通翠鸟、灰头鸦雀、大嘴乌鸦等。

宝石山： 以山林鸟为主，常年可见50余种。在秋冬季还能见到少见的怀氏虎鸫、灰翅噪鹛、锡嘴雀等鸟类。

杭州植物园

杭州植物园可以说是杭州鸟类物种最丰富的观测点了，常年栖息在此的鸟类有60多种，有记录的鸟类超过150种，以山林鸟为主。在候鸟来袭时，鸟类可达上百种。这里的常客有翠鸟、红嘴蓝鹊、乌鸫、黑鹎、远东山雀等。而像北红尾鸲、红胁蓝尾鸲、树鹨、斑鸫等鸟类是冬季飞来的候鸟，只有十月后去才看得到。

杭州植物园里的乌鸫[①]

杭州植物园里的白头鹎[②]

西溪湿地

在西溪湿地观鸟，最富野趣，西溪湿地地广鸟多，目前已经记录到的超过180种，常年可见鸟类有100多种。

---

① http://www.365geo.com/520.html/comment-page-1

② http://www.365geo.com/520.html/comment-page-1

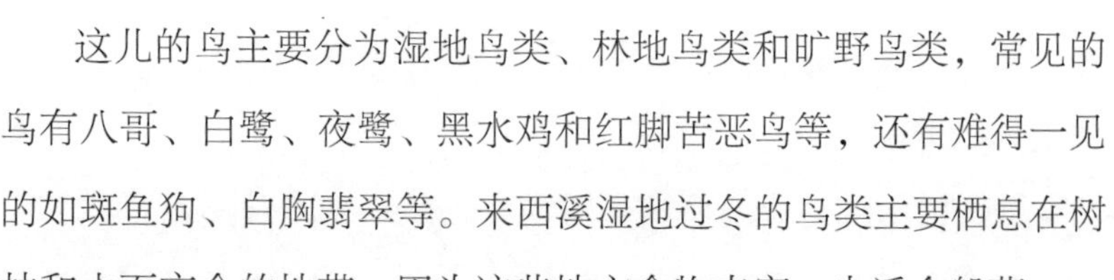

这儿的鸟主要分为湿地鸟类、林地鸟类和旷野鸟类，常见的鸟有八哥、白鹭、夜鹭、黑水鸡和红脚苦恶鸟等，还有难得一见的如斑鱼狗、白胸翡翠等。来西溪湿地过冬的鸟类主要栖息在树林和水面交会的地带，因为这些地方食物丰富，也适合躲藏。

西溪湿地有专供游客观鸟的莲花滩观鸟区。观鸟区设有观鸟屋，站在观鸟屋里面可以用望远镜看到各种鸟。

钱塘江边

每年秋冬季节，都会有一些可爱的小天鹅和东方白鹳来钱塘江边做客。不过它们只是匆匆到访的过客，再过半个月，又一股冷空气来袭，它们就紧赶慢赶地飞往更南处了。

下沙大桥至钱江九桥和闻堰到之江大桥的沿江边是钱塘江边观鸟的最佳地点。雁鸭类、鸻鹬类、鸥类等都会在此短暂停留或越冬。已记录到的有：翘鼻麻鸭、鸳鸯、绿翅鸭、绿头鸭、斑嘴鸭、普通秋沙鸭等，鸿雁、豆雁、黑腹滨鹬、环颈鸻、黑尾鸥、红嘴鸥等也都在这一带活动。

有意思的是，这些不速之客多半会成群结队地出现在滩涂上，或者觅食，或者四处闲荡，等到钱塘江涨潮时，便成群地飞起，黑压压地遮住一大片天空，特别壮观。

余杭北湖草荡

北湖草荡位于杭州市余杭区瓶窑镇与余杭镇的交界处，方圆5.3平方千米，北苕溪、中苕溪、南苕溪在此汇聚成东苕溪，流向太湖，这里是杭州鸟种最丰富的地点之一，已有记录的鸟种达180种以上。易见鸟种有草鹭、黄苇鳽、大鹰鹃、红脚隼、燕隼、游隼等。

金华兰溪

金华兰溪市游埠镇刁家村的野狐山，有崇山峻岭、茂林修竹，气候温和，良好的生态环境吸引了成千上万的鹭鸟在此繁衍生活。观万鹭归巢是野狐山一大不容错过的景观。早晨和傍晚是观赏白鹭的最佳时间，想象一下，天空飘着火烧云，一行白鹭在天空与山林间追逐鸣叫，静止的背景，晚归的白鹭，动静之间令人沉浸……不过也提醒大家，观鸟时尽量不要离鸟太近，以免惊吓到鸟类。

兰溪白露山也是一个观赏白鹭的好去处。白露山自然环境优美，山上巨石突兀，惊险奇绝。站在白露山上极目远眺，绿荫丛中炊烟袅袅，白鹭穿行其间，如同这山里的精灵一般。

夕阳下的白鹭[①]

温州洞头

温州市洞头区的南北爿岛是省级海洋特别保护区，虽面积仅约9平方千米，却有数不清的鸟儿围着岛屿在空中盘旋，蔚为壮观，南北爿岛因此也成了闻名遐迩的鸟岛。

南爿岛以灌木丛为主，吸引了黄嘴白鹭、普通鵟等保护鸟类在此栖息繁衍，而北爿岛植被茂盛，有高耸的树木，为20世纪50年代人工栽种，吸引的更多是林鸟。在2011年至2014年已观察记录的鸟类有近50种，其中黄嘴白鹭、普通鵟、红隼、游隼等四种为国家Ⅱ级重点保护野生动物。洞头还曾经记录到白斑军舰鸟等热带海洋性鸟类。

---

① http://m.sohu.com/a/196651641_162323

在这里，海鸟才是真正的主人，游客就像意外闯入的陌生人。上万只海鸟一下子飞上天空，十分壮观。你可以带上相机，捕捉这难得一见的场景。不过进入保护区观鸟要获得相关部门的许可。

温州洞头万鸟栖息地①

衢州乌溪江国家湿地公园

乌溪江国家湿地公园位于衢江区南部山区，总面积1.24万公顷，其中湿地面积2826.77公顷。包括黄坛口水库和湖南镇水库两大库塘湿地和注入两大水库的溪流湿地，以及水体两侧第一层小山脊内、与该流域湿地生态系统保护密切相关的山林。每年秋冬季节，乌溪江国家湿地公园域内会出现大量迁徙越冬的候鸟，或停歇，或越冬。白天，它们在江中觅食嬉戏；晚上，它们在岸边的树丛休憩。2012年底，在乌溪江国家湿地公园第一次发现中华秋沙鸭。现今。乌溪江也成了中华秋沙鸭稳定的越冬地。

在衢州乌溪江国家湿地公园发现的中华秋沙鸭②

---

① https://zj.zjol.com.cn/news/1005774.html

② http://www.xiangjianke.com/588.html

观鸟守则

1.赏鸟，是赏自然界中野生鸟类，不是赏笼中鸟。

2.不饲养和放生鸟类。

3.尊重鸟的生存权，不采集鸟蛋、捕捉野鸟。

4.到野外观鸟时，不要穿戴颜色鲜亮的衣帽，因为鸟类视觉敏锐，容易被惊扰；多人或集体行动时还应该保持安静，不要喧哗。

5.拍摄鸟类时应采用自然光，不可使用闪光灯，以免惊扰到它们。

6.有些鸟类行动隐秘，不易被观察到，不可使用不当方法引诱其现身，如丢掷石头；也不能用食物等诱拍鸟类，这会造成鸟类行为变化，同时适合人类的食物并不一定适合鸟类，可能会导致鸟类疾病或死亡。

7.不可为了便于观察或摄影，随意攀折花木，破坏野鸟栖息地以及附近植被生态。爱护环境，不乱抛垃圾。

8.不可过分追逐野生鸟类，因为有些鸟可能因气候因素，体能衰弱而暂时停栖某一地区，此时，它们需要休息调养，如果惊扰或追逐它们，可能导致其步向死亡。

9.观鸟时，如遇到鸟类正在进行筑巢或育雏，切记“只可远观，不可近看”，保持适当观赏距离，以免干扰亲鸟，导致弃巢。